军队高等教育自学考试教材
计算机信息管理专业（专科）

军队信息化建设与管理

郝 红 主编

国防工业出版社
·北京·

内 容 简 介

本教材依据军队高等教育自学考试人才培养方案,以培养基层信息管理等岗位的信息化综合技能为主线,以信息化建设与管理理论为基础,以传授军队信息化建设与管理知识,提升信息化技能和素质为目标,从理论和实践层面勾画军队信息化建设与管理全貌。其中,军队信息化建设概述、总体指导和主要内容等章节侧重于基础理论,军队信息化建设管理职能、关键环节和管理方法等章节侧重于方法指导,外军信息化建设管理和部队信息化工作章节侧重于实践运用。在每章内容后面均附有对应本章全部考点的习题,便于读者开展针对性学习。

本书是军队高等教育自学考试课程教材,也是大型网络在线课程的配套教材。本书适用于全军自学考试设定的军队信息化建设与管理课程的各专业使用,特别适用于计算机信息管理专业(专科)的专业课程教材,也可供信息化相关领域的人员参考使用。

图书在版编目(CIP)数据

军队信息化建设与管理/郝红主编. —北京:国防工业出版社,2019.11
ISBN 978-7-118-11996-1

Ⅰ.①军⋯ Ⅱ.①郝⋯ Ⅲ.①军队建设—信息化建设—研究—中国 Ⅳ.①E919

中国版本图书馆 CIP 数据核字(2019)第 258189 号

※

*国防工业出版社*出版发行
(北京市海淀区紫竹院南路23号 邮政编码100048)
三河市腾飞印务有限公司印刷
新华书店经售

*

开本 787×1092 1/16 印张 10¾ 字数 235 千字
2019年11月第1版第1次印刷 印数 1—4000 册 定价 49.00元

(本书如有印装错误,我社负责调换)

国防书店:(010)88540777　　发行邮购:(010)88540776
发行传真:(010)88540755　　发行业务:(010)88540717

本册编审人员

主　审　杨清杰
主　编　郝　红
副主编　张三虎　马　莉　刘凯凯
编　写　杨耀辉　王雪莉　张　岩
　　　　赵　欣　丁　锐　石　展
校　对　石　展

前 言

信息是优势之源,信息乃制胜之本。随着信息技术的飞速发展和在军事领域的广泛应用,军队信息化建设与管理持续深入发展,逐渐实现对军队各要素的结构优化和能力整合,极大地推动了军队建设的技术进步与创新。系统学习军队信息化建设与管理知识,研究探索军队信息化建设与管理活动的规律和方法手段,领会军队信息化建设与管理的深刻内涵和现实意义,对于广大官兵提高思维层次、提高工作水平具有重要现实意义。

本书是军队高等教育自学考试教材,也是大型网络在线课程的配套教材。本书适用于全军自学考试相关专业的军队信息化建设与管理课程使用,特别适用于计算机信息管理专业(专科),也可供信息化相关领域的人员参考使用。

(1) 目标定位。教材的编写服务于军队人才培养,在总结经验和实际调研的基础上,针对全军自学考试计算机信息管理(专科)的人才培养目标和军队信息化建设与管理课程的特点,本书的目标定位为:培养基层信息管理等岗位的信息化综合技能与素质。

(2) 内容体系。本书依据自学考试人才培养方案,建立"一二三"教材内容体系。即"一条主线":以培养基层信息管理等岗位的信息化综合技能为主线;"两大基础":一是军队信息化建设的基础理论,二是军队信息化建设管理的基础理论;"三个层次":即信息化建设与管理知识、技能和素质。

按照以上体系,针对部队自学考试学员的实际需要,本书设计了"7+1"章的内容结构。第一章概述了军队信息建设的概念、发展历程和特点;第二章为军队信息化建设的总体指导,包括指导思想、目标和基本原则;第三章介绍了军队信息化建设的主要内容;第四至第六章分别阐述了军队信息化建设管理职能、关键环节和方法技术;第七章探索了外军信息化建设管理的发展主要做法和对我军的启示。以上七章内容侧重于整体勾画军队信息化建设与管理全貌。为适应信息管理类专业的岗位实际需要,使理论和实践相结合,本书还增加了军队信息化建设与管理在部队实践层面的内容,即第八章部队信息化工作,包括信息资源开发利用、信息安全保障和信息系统管理等具体内容。

(3) 编写特点。一是以培养部队需要的应用型人才为导向。本书严格按照培养应用型专科人才的目标要求,从编写指导思想,到内容选择、体系设计、编写模式,都以服务于培养基层信息管理等岗位的信息化综合技能与素质为出发点和归属,努力打造充分体现自考专科特色的实用教材。

二是注重内容的实用性。从部队官兵实际需要出发,最大限度地减少基层官兵不直接接触的理论知识,增加应用知识和方法技能的传授。如在"军队信息化建设管理关键环节"这一章中,对内容作了大幅度精简和调整,侧重于介绍基层岗位所必须的知识与技能,如计划和评估等内容。

三是内容与时俱进。信息技术发展日新月异,军队信息化建设管理实践不断深入,本书增加了信息化建设管理最新理论研究成果。如在"军队信息化建设总体指导"这一章中增加了"十九大"报告的相关内容,在"外军信息化建设管理"这一章中注重引进外军新思路、新做法等。

四是作业题形式多样化,题型除简答外,还设置了单选题、多选题和填空题,有的章节还包括综合题。所有作业题均对应知识点,满足精讲、多练、实操的教学模式需要。

(4)方法及建议。树立以"学员为核心"的教学理念。针对军队自学考试特点,教师应从"以讲为主"向"以导为主"转变,教师作为学习的"指导者"和"辅助者",采用引导式教学,充分调动学员学习积极性,促进学员由"被动学习"变为"主动学习"。

围绕"知识点"展开教学设计。军队自学考试大纲明确界定了本课程的知识点和考核范围,建议教学设计时遵循大纲要求,依据知识点展开内容设计,并且突出重点、关注难点。本书在各章增加了类型多样的作业题,基本涵盖了课程的所有知识点,教学时可考虑结合使用。

探索多渠道互动式教学模式。自考学员一般是在岗学习,学习时间碎片化。建议每个知识点采取"讲练结合""线上线下结合""理论知识和实践操作结合"等方式,部分章节可由学员自主选择学习内容,提高学习效率。

本书吸收、借鉴和引用了大量国内外学者的理论成果,力求建立体现自考专科特色、科学实用的军队信息化教材体系。为便于大家查阅和深入学习,主要参考文献已列于页末及书后,对此一并致谢。感谢对本书提出宝贵意见建议的各位专家教授,使本书在每次修改后不断完善。同时感谢课题组的所有同志们的辛勤付出。

由于撰写水平所限,军队信息化建设与管理领域不断发展,本书存在一些不足与缺憾在所难免,恳请读者批评指正。

编　者

2019 年 1 月

目 录

军队信息化建设与管理自学考试大纲

Ⅰ. 课程性质与课程目标 3

Ⅱ. 考核目标 4

Ⅲ. 课程内容与考核要求 4

Ⅳ. 关于大纲的说明与考核实施要求 10

附录 题型举例 12

第一章 军队信息化建设概述

第一节 军队信息化的相关概念 14
 一、信息与信息化 14
 二、军队信息化 15
 三、军队信息化建设 16
 四、军队信息化建设管理 16

第二节 军队信息化建设的发展历程 16
 一、单领域独立建设阶段 17
 二、跨领域系统集成阶段 17
 三、一体化作战体系构建阶段 17
 四、信息化全面整体转型阶段 17

第三节 军队信息化建设的特点 18
 一、全局性 18
 二、复杂性 18

三、系统性 18
四、长期性 19
作业题 19

第二章 军队信息化建设总体指导

第一节 军队信息化建设的指导思想 21
　一、指导思想的主要内容 21
　二、指导思想的基本内涵 21
第二节 军队信息化建设的目标 22
　一、军队信息化建设的总体目标 22
　二、军队信息化建设的阶段目标 23
第三节 军队信息化建设的基本原则 23
　一、顶层领导,科学管理 23
　二、需求牵引,自主创新 23
　三、统筹规划,重点先行 24
　四、综合防范,确保安全 24
　五、军民融合,协调发展 24
作业题 25

第三章 军队信息化建设主要内容

第一节 军事信息系统建设 26
　一、栅格化信息网络建设 26
　二、指挥信息系统建设 28
　三、信息作战系统建设 31
　四、日常业务系统建设 33
　五、嵌入式信息系统建设 34
第二节 信息化主战武器装备系统建设 36
　一、信息化作战平台建设 37
　二、信息化弹药建设 38
　三、新概念武器建设 39
第三节 信息化支撑环境建设 41
　一、信息化理论建设 41
　二、信息化体制编制建设 42
　三、信息化人才队伍建设 44
　四、信息化法规标准建设 45
　五、信息技术应用 46
作业题 47

第四章　军队信息化建设管理职能

第一节　军队信息化建设决策职能 … 49
一、军队信息化建设决策的内涵 … 49
二、军队信息化建设决策的分类 … 50
三、军队信息化建设决策的原则 … 51
四、军队信息化建设决策的程序 … 52

第二节　军队信息化建设组织职能 … 53
一、军队信息化建设组织的内涵 … 54
二、军队信息化建设组织的原则 … 54
三、军队信息化建设组织的过程 … 56

第三节　军队信息化建设控制职能 … 57
一、军队信息化建设控制的内涵 … 57
二、军队信息化建设控制的类型 … 58
三、军队信息化建设控制的原则 … 59
四、军队信息化建设控制的过程 … 60

第四节　军队信息化建设协调职能 … 61
一、军队信息化建设协调的内涵 … 61
二、军队信息化建设协调的原则 … 62
三、军队信息化建设协调的方法 … 63

作业题 … 64

第五章　军队信息化建设管理关键环节

第一节　军队信息化建设规划计划 … 66
一、军队信息化建设规划计划的内涵 … 66
二、军队信息化建设规划计划的程序 … 68
三、军队信息化建设规划计划的方法 … 70

第二节　军队信息化建设项目管理 … 75
一、军队信息化建设项目管理的内涵 … 75
二、军队信息化建设项目管理的程序 … 77
三、军队信息化建设项目管理的方法 … 78

第三节　军队信息化建设评估 … 83
一、军队信息化建设评估的内涵 … 83
二、军队信息化建设评估的程序 … 84
三、军队信息化建设评估的方法 … 86

作业题 … 87

第六章　军队信息化建设管理方法

第一节　体系结构方法 … 90

  一、体系结构的基本内涵 ·· 90
  二、体系结构的表现形式 ·· 91
  三、体系结构的战略价值 ·· 92
  四、体系结构的方法指导 ·· 93
 第二节 路线图方法 ··· 98
  一、路线图的基本内涵 ··· 98
  二、路线图的表现形式 ··· 100
  三、路线图的战略价值 ··· 103
  四、路线图的方法指导 ··· 104
 第三节 综合集成方法 ·· 108
  一、综合集成的基本内涵 ·· 108
  二、综合集成的地位作用 ·· 112
  三、综合集成的方法指导 ·· 113
 作业题 ··· 115

第七章 外军信息化建设管理

 第一节 外军信息化建设管理沿革 ··· 117
  一、以武器装备信息化为牵引的探索起步阶段 ······················ 117
  二、以系统集成为重点的全面展开阶段 ································ 118
  三、以军事转型为核心的深入发展阶段 ································ 120
 第二节 外军信息化建设管理主要做法 ······································ 121
  一、以顶层设计指导信息化建设发展 ··································· 121
  二、以首席信息官制度推进信息系统建设 ··························· 122
  三、以改革促进信息化武器装备发展 ··································· 124
  四、以发展网络空间力量应对未来挑战 ································ 125
 第三节 外军信息化建设管理对我军的启示 ······························· 126
  一、准确把握军队信息化建设的正确方向,避免重走大的弯路 ··· 127
  二、始终坚持军队信息化建设的中国特色,防止盲目进行跟风 ··· 127
  三、牢固树立军队信息化建设的渐进理念,不应谋求一劳永逸 ··· 127
  四、坚定推行军队信息化建设的自主创新,摆脱核心受控于人 ··· 127
 作业题 ··· 128

第八章 部队信息化工作

 第一节 部队信息化工作的内涵 ·· 129
  一、部队信息化工作的基本定位 ·· 129
  二、部队信息化工作的主要内容 ·· 130
  三、部队信息化工作的主要特点 ·· 131

四、部队信息化工作的基本要求 …………………………… 132
第二节　部队信息资源开发利用 ………………………………… 133
　　一、信息资源开发利用的主要任务 ………………………… 133
　　二、信息资源开发利用的组织实施 ………………………… 134
第三节　部队信息安全保障 ……………………………………… 137
　　一、信息安全保障主要任务 ………………………………… 137
　　二、信息安全保障组织实施 ………………………………… 138
第四节　部队信息系统管理 ……………………………………… 143
　　一、信息系统管理主要任务 ………………………………… 143
　　二、信息系统管理组织实施 ………………………………… 147
作业题 ……………………………………………………………… 152
参考文献 …………………………………………………………… 154
作业题参考答案 …………………………………………………… 155

军队高等教育自学考试
计算机信息管理专业(专科)

军队信息化建设与管理自学考试大纲

Ⅰ. 课程性质与课程目标

一、课程性质和特点

军队信息化建设与管理是高等教育自学考试计算机信息管理专业（专科）教学计划中的一门专业教育课，属于选设课程。设置本课程的目的是向考生传授军队信息化建设与管理的基本理论、职能任务和工程化方法，使考生理解军队信息化建设与管理"是什么""建什么""怎么建"和"如何管"等问题，丰富考生的信息化知识，提高考生的信息化思维，增强考生参与信息化建设工作的能力和素质，具有明显的时代性、综合性和实践性特点。

二、课程目标

本课程的总目标是：培养考生了解军队信息化建设与管理现状与发展，理解军队信息化建设与管理的基本理论，熟悉军队信息化建设与管理的职能任务和程序方法，使之具有分析和解决信息化建设现实问题的初步能力。通过课程学习，考生应达到以下目标：

（1）理解并掌握军队信息化建设的基本概念、特点；了解军队信息化建设的发展历程。

（2）了解军队信息化建设的指导思想、建设目标和基本原则。

（3）理解并掌握军事信息系统、信息化主战武器装备系统和信息化支撑环境的基本概念和建设内容；了解军队信息化建设总体思路和发展方向。

（4）理解并掌握军队信息化建设管理的决策、组织、控制和协调等职能的内涵；理解军队信息化建设管理职能的组织原则和方法程序；了解实施中应把握的问题。

（5）理解并掌握军队信息化建设规划计划、项目管理、建设评估的内涵；熟悉军队信息化建设规划计划、项目管理和建设评估的程序和方法；了解军队信息化建设规划计划制定和审核过程、信息化建设项目管理和评估的组织实施过程和应关注的问题。

（6）理解并掌握体系结构、路线图和综合集成的基本内涵和表现形式；理解三种方法的战略价值和地位作用；了解运用工程化方法推进军队信息化建设与管理工作的基本思路。

（7）理解外军信息化建设管理的主要做法；了解外军信息化建设管理的发展沿革、经验教训及对我军的启示。

（8）理解并掌握部队信息化工作的内涵；熟悉信息资源开发利用、信息安全保障和信息系统管理的主要内容和基本要求；了解部队信息化工作组织实施方法。

三、与相关课程的联系与区别

本课程要求考生学习前应具备信息技术、信息系统和军事指挥等方面的基础知识。因此，考生在学习本课程之前应先完成计算机与网络技术基础、计算机应用技术、管理信息系统等课程的学习。

四、课程的重点和难点

本课程的重点内容包括军队信息化的相关概念，军队信息化建设的目标，军事信息系统、信息化主战武器装备系统和信息化支撑环境的基本概念和建设内容，军队信息化建设管理的决策、组织、控制和协调职能的内涵和程序,军队信息化建设规划计划、项目管理与建设评估的内涵和方法,体系结构、路线图和综合集成的概念、内涵和方法指导,外军信息化建设管理的主要做法,部队信息化工作的内涵。

本课程的难点包括军队信息化建设的发展历程和特点,军队信息化建设的指导思想和基本原则,军事信息系统、信息化主战武器装备系统和信息化支撑环境建设目标要求和发展趋势,军队信息化建设管理的决策、组织、控制和协调职能的内涵、原则和方法,军队信息化建设规划计划、项目管理的程序方法和构建信息化评估指标,体系结构、路线图和综合集成的运用,外军信息化建设管理的发展沿革和主要做法,部队信息资源开发利用、信息安全保障和信息系统管理的主要任务和组织实施。

Ⅱ. 考核目标

本大纲在考核目标中,按照识记、领会和应用三个层次规定其应达到的能力层次要求。三个能力层次是递升的关系,后者必须建立在前者的基础上,各能力层次的含义如下:

识记(Ⅰ):要求考生能够识别和记忆本课程中有关军队信息化建设与管理的概念性内容(如各种军队信息化建设与管理相关的术语、定义、特点、分类、组成等),并能够根据考核的不同要求,做出正确的表述、选择和判断。

领会(Ⅱ):要求考生能够领悟军队信息化建设与管理的内涵和外延,理解军队信息化建设与管理的任务和要求,并能够根据考核的不同要求,做出正确的判断、描述和解释。

应用(Ⅲ):要求考生运用军队信息化建设与管理的理论知识,分析和解决应用问题,如运用网络计划方法进行信息化建设项目管理等。

Ⅲ. 课程内容与考核要求

第一章 军队信息化建设概述

一、学习目的与要求

本章的学习目的是要求考生理解并掌握军队信息化建设的基本概念、特点;了解军队信息化建设的发展历程。

二、课程内容

(1) 军队信息化的相关概念。

(2) 军队信息化建设的发展历程。
　　(3) 军队信息化建设的特点。
三、考核内容与考核要求
　　(1) 军队信息化的相关概念。
　　识记：信息与信息化、军队信息化、军队信息化建设、军队信息化建设管理的定义与内涵。
　　领会：军队信息化、军队信息化建设和军队信息化建设管理概念区分。
　　(2) 军队信息化建设的发展历程。
　　识记：军队信息化建设经历的四个阶段。
　　领会：军队信息化建设发展的趋势。
　　(3) 军队信息化建设的特点。
　　识记：军队信息化建设的特点。
四、本章重点及难点
　　本章重点是军队信息化的相关概念。
　　本章难点是军队信息化建设的发展历程和特点。

第二章　军队信息化建设总体指导

一、学习目的与要求
　　本章的学习目的是要求考生了解军队信息化建设的指导思想、建设目标和基本原则。
二、课程内容
　　(1) 军队信息化建设的指导思想。
　　(2) 军队信息化建设的目标。
　　(3) 军队信息化建设的基本原则。
三、考核内容与考核要求
　　(1) 军队信息化建设的指导思想和目标。
　　识记：军队信息化建设的总目标和阶段目标。
　　领会：总体目标和阶段目标的内涵。
　　(2) 军队信息化建设的基本原则。
　　识记：军队信息化建设的基本原则。
四、本章重点及难点
　　本章重点是军队信息化建设的目标。
　　本章难点是军队信息化建设的指导思想和基本原则。

第三章　军队信息化建设主要内容

一、学习目的与要求
　　本章的学习目的是要求考生理解并掌握军事信息系统、信息化主战武器装备系统和信息化支撑环境的基本概念和建设内容；了解军队信息化建设总体思路和发展方向。

二、课程内容
（1）军事信息系统。
（2）信息化主战武器装备系统。
（3）信息化支撑环境。

三、考核内容与考核要求
（1）军事信息系统。
识记：军事信息系统的定义、作用、建设内容和发展方向。
领会：军事信息系统建设的目标要求。
（2）信息化主战武器装备系统。
识记：信息化主战武器装备系统的定义、作用、建设内容和发展方向。
领会：信息化主战武器装备系统建设的目标要求。
（3）信息化支撑环境。
识记：信息化支撑环境的定义、作用、建设内容和发展方向。
领会：信息化支撑环境建设的目标要求。

四、本章重点及难点
本章重点是军事信息系统、信息化主战武器装备系统和信息化支撑环境的基本概念和建设内容。

本章难点是军事信息系统、信息化主战武器装备系统和信息化支撑环境建设目标要求和发展趋势。

第四章　军队信息化建设管理职能

一、学习目的与要求
本章的学习目的是要求考生理解并掌握军队信息化建设管理的决策、组织、控制和协调等职能的内涵；理解军队信息化建设管理职能的组织原则和方法程序；了解实施中应把握的问题。

二、课程内容
（1）军队信息化建设决策职能。
（2）军队信息化建设组织职能。
（3）军队信息化建设控制职能。
（4）军队信息化建设协调职能。

三、考核内容与考核要求
（1）军队信息化建设决策职能。
识记：军队信息化建设决策的内涵、分类、原则和程序。
领会：影响军队信息化建设决策的因素。
（2）军队信息化建设组织职能。
识记：军队信息化建设组织的内涵、原则和过程。
领会：军队信息化建设组织的原理。

（3）军队信息化建设控制职能。
识记：军队信息化建设控制的内涵、类型、原则和过程。
领会：军队信息化建设控制的原理。
（4）军队信息化建设协调职能。
识记：军队信息化建设协调的内涵、原则、方法。
领会：军队信息化建设协调的原理。

四、本章重点及难点

本章重点是军队信息化建设管理的决策、组织、控制和协调职能的内涵和程序。

本章难点是军队信息化建设管理的决策、组织、控制和协调职能的内涵、原则和方法。

第五章 军队信息化建设管理关键环节

一、学习目的与要求

本章的学习目的是要求考生理解并掌握军队信息化建设规划计划、项目管理、建设评估的内涵；熟悉军队信息化建设规划计划、项目管理和建设评估的程序和方法；了解军队信息化建设规划计划制定和审核过程、信息化建设项目管理和评估的组织实施过程和应关注的问题。

二、课程内容

（1）军队信息化建设规划计划。
（2）军队信息化建设项目管理。
（3）军队信息化建设评估。

三、考核内容与考核要求

（1）军队信息化建设规划计划。
识记：军队信息化建设规划计划的目标定位、架构设计、资源调配、计划拟制的内容，军队信息化建设规划的基本程序。
领会：军队信息化建设规划计划的地位作用。
应用：运用技术方法绘制简单计划图。
（2）军队信息化建设项目管理。
识记：军队信息化建设项目范围管理、进度管理、费用管理和质量管理的内容，军队信息化建设项目管理的基本程序。
领会：军队信息化建设项目管理的地位作用。
应用：运用技术方法实施项目管理。
（3）军队信息化建设评估。
识记：军队信息化建设工作评估、水平评估和绩效评估的内容，军队信息化建设评估的基本程序。
领会：军队信息化建设评估的地位作用。
应用：运用技术方法评估军队信息化建设水平。

四、本章重点及难点

本章重点是军队信息化建设规划计划、项目管理与建设评估的内涵和方法。

本章难点是军队信息化建设规划计划、项目管理的程序方法和构建信息化评估指标。

第六章　军队信息化建设管理方法

一、学习目的与要求

本章的学习目的是要求考生理解并掌握体系结构、路线图和综合集成的基本内涵和表现形式；理解三种方法的战略价值和地位作用；了解运用工程化方法推进军队信息化建设与管理工作的基本思路。

二、课程内容

（1）体系结构方法。

（2）路线图方法。

（3）综合集成方法。

三、考核内容与考核要求

（1）体系结构。

识记：体系结构的概念、要素、表现形式。

领会：体系结构、体系结构描述、体系结构框架的概念差异；多视图方法中的视角和视图概念；体系结构的战略价值、开发设计的"六步法"和"三阶段法"的基本程序。

应用：运用多视图方法分析信息系统需求。

（2）路线图。

识记：路线图的概念、构成要素、主要特点、表现形式。

领会：路线图的内涵、战略价值和制定流程。

应用：运用路线图方法分析发展路径。

（3）综合集成。

识记：综合集成的概念、特征、主要内容和基本流程。

领会：综合集成的内涵特征和地位作用。

应用：运用综合集成方法进行信息系统集成。

四、本章重点及难点

本章重点是体系结构、路线图和综合集成的概念、内涵和方法指导。

本章难点是体系结构、路线图和综合集成的运用。

第七章　外军信息化建设管理

一、学习目的与要求

本章的学习目的是要求考生理解外军信息化建设管理的主要做法；了解外军信息化建设管理的发展沿革、经验教训及对我军的启示。

二、课程内容

(1) 外军信息化建设管理的发展沿革。

(2) 外军信息化建设管理的主要做法。

(3) 外军信息化建设管理对我军的启示。

三、考核内容与考核要求

(1) 外军信息化建设管理的发展沿革。

识记:外军信息化建设管理的三个阶段。

领会:外军信息化建设管理发展的一般规律。

(2) 外军信息化建设管理的主要做法。

识记:外军信息化建设管理主要做法的基本内容。

领会:外军信息化建设管理主要做法的现实作用。

(3) 外军信息化建设管理对我军的启示。

识记:外军信息化建设管理的经验教训。

领会:外军信息化建设管理的经验教训对我军的启示。

四、本章重点及难点

本章重点是外军信息化建设管理的主要做法。

本章难点是外军信息化建设管理的发展沿革和主要做法。

第八章 部队信息化工作

一、学习目的与要求

本章的学习目的是要求考生理解并掌握部队信息化工作的内涵;熟悉信息资源开发利用、信息安全保障和信息系统管理的主要内容和基本要求;了解部队信息化工作组织实施方法。

二、课程内容

(1) 部队信息化工作的内涵。

(2) 部队信息资源开发利用。

(3) 部队信息安全保障。

(4) 部队信息系统管理。

三、考核内容与考核要求

(1) 部队信息化工作的内涵。

识记:部队信息化工作的定位、内容、特点和要求。

领会:部队信息化工作和军队信息化建设管理、部队其他工作的关系。

(2) 部队信息资源开发利用。

识记:部队信息资源开发利用的主要任务。

领会:部队信息资源开发利用的组织实施程序和方法。

(3) 部队信息安全保障。

识记:部队信息安全保障的主要任务。

领会:部队信息安全保障的组织实施程序和方法。
(4) 部队信息系统管理。
识记:部队信息系统管理的主要任务。
领会:部队信息系统管理的组织实施程序和方法。

四、本章重点及难点

本章重点是部队信息化工作的内涵。

本章难点是部队信息资源开发利用、信息安全保障和信息系统管理的主要任务和组织实施。

Ⅳ. 关于大纲的说明与考核实施要求

一、自学考试大纲的目的和作用

课程自学考试大纲是根据专业自学考试计划的要求,结合自学考试的特点来制定。其目的是对个人自学、社会助学和课程考试命题进行指导和规定。

课程自学考试大纲明确了课程自学内容及其深广度,规定了课程自学开始的范围和标准,是编写自学考试教材的依据,是社会助学的依据,是个人自学的依据,也是继续自学考试命题的依据。

二、关于自学教材

教材:《军队信息化建设与管理》,国防科技大学信息通信学院编,国防工业出版社出版发行。

其他参考书:

[1] 杨耀辉.军队信息化建设管理概论[M].北京:解放军出版社,2015.

[2] 郝红.部队信息化工作[M].北京:解放军出版社,2017.

三、关于考核内容及考核要求的说明

(1) 课程中各章的内容均由若干知识点组成,在自学考试命题中知识点就是考核点。因此,课程自学考试大纲中所规定的考核内容是以分解为考核知识点的形式给出的。因各知识点在课程中的地位、作用以及知识自身的特点不同,自学考试将对各知识点分别按三个认知层次确定其考核要求(认知层次的具体描述请参考Ⅱ.考核目标)。

(2) 按照重要性程度不同,考核内容分为重点内容和一般内容。为有效地指导个人自学和社会助学,本大纲已指明了课程的重点和难点,在各章的"学习目的与要求"中也指明了本章内容的重点和难点。在本课程试卷中重点内容所占分值一般不少于60%。

本课程共5学分。

四、关于自学方法的指导

《军队信息化建设与管理》为计算机信息管理(专科)的专业教育课,内容多、难度大,对于考生分析问题能力、信息思维和系统性思维有着比较高的要求,要取得较好的学习效

果,请注意以下事项。

(1) 在学习本课程之前应仔细阅读本大纲的第一部分,了解本课程的性质、特点和目标,熟知本课程的基本要求与相关课程的关系,使接下来的学习紧紧围绕本课程的基本要求。在学习每章内容之前,先认真了解本自学考试大纲对该章知识点的考核要求,做到在学习时心中有数。

(2)《军队信息化建设与管理》是一门时代性、综合性和实践性强的课程。它的许多概念和观点比较新,需要放在信息技术发展和军队现代化建设时代背景下来理解,同时信息化建设与管理活动又与信息化建设实践联系紧密,需要结合单位实际和工作实践来深化认识。因此,学习过程中,要边研读教材边结合工作进行思考,同时要充分利用课外资料和网络资源进行学习,培养自学能力。建议能够深入调研本单位或某个单位的信息化建设情况,全面了解建设现状,分析问题和经验做法,便于学习过程中做到理论与实践相结合。

(3) 可以充分利用网络资源进行个性化学习和针对性训练。本课程于 2019 年下半年上线,课程平台为国防科技大学 MOOC 平台。也可利用互联网公开课资源,在新浪公开课(open.sina.cn)、网易公开课(open.163.com)、TED(www.ted.com)、爱课程(www.icourses.cn)以及其他平台以信息化、信息技术、IT 和相关关键词搜索课程,能够获取丰富的学习资源。

五、考试指导

在学习本课程前应先仔细阅读本大纲,了解课程性质和特点,熟知课程基本要求,针对各章节知识点进行认真准备,做到心中有数。在考试过程中应做到卷面整洁、书写工整、格式规范。在回答试卷问题时应紧扣题目要求、措辞准确、逻辑严谨。

六、对助学的要求

(1) 熟知考试大纲的各项要求,熟悉各章节的考核知识点。

(2) 辅导教学以大纲为依据,不要随意增删内容,以免偏离大纲。

(3) 注重结合典型例题或案例,引导学员独立思考,在掌握核心知识点的基础上着力提高应用能力和技巧,培养提高自学能力。

七、关于考试命题的若干规定

(1) 考试方式为闭卷笔试,考试时间为 150 分钟。考试时只允许携带笔、橡皮和尺,答卷必须使用蓝色或黑色钢笔或圆珠笔书写。

(2) 本大纲各章所规定的基本要求、知识点及知识点下的知识细目,都属于考核的内容。考试命题既要覆盖到章,又要避免面面俱到。要注意突出课程的重点,加大对重点内容的覆盖度。

(3) 不应命制超出大纲中考核知识点范围的题目,考核目标不得高于大纲中所规定的最高能力层次要求。命题应着重考核自学者对基本概念、基本知识和基本理论是否了解或掌握,对基本方法是否会用或熟练。不应命制与基本要求不符的偏题或怪题。

(4) 本课程在试卷中对不同能力层次要求的分数比例大致为:识记占 50%,领会占 30%,应用占 20%。

(5) 合理安排试题的难易程度,试题的难度可分为易、较易、较难和难四个等级。每份试卷中不同难度试题的分数比例一般为 2∶3∶3∶2。

必须注意试题的难易程度与能力层次有一定的联系,但二者不是等同的概念,在各个能力层次都有不同难度的试题。

(6) 课程考试命题的主要题型一般有单项选择题、多项选择题、填空题、简答题和综合题等。

附录　题型举例

一、单项选择题

1. 广泛应用现代信息技术、充分开发利用信息资源,把信息技术和信息资源完全融合到军队建设和作战之中是军队信息化的(　　)。
   A. 范畴　　　　B. 手段和途径　　　C. 目的　　　　D. 本质属性
2. 扎克曼框架中主要描述系统涉及到的实体以及实体之间的关系的是(　　)。
   A. 人员　　　　B. 结构　　　　　　C. 数据　　　　D. 功能

二、多项选择题

1. 军事信息系统包括(　　)。
   A. 信息基础设施
   B. 指挥信息系统
   C. 信息作战系统
   D. 日常业务信息系统
   E. 嵌入式信息系统
2. 军队信息化建设管理职能主要包括(　　)。
   A. 决策　　　　B. 计划　　　　　　C. 组织
   D. 协调　　　　E. 控制

三、填空题

1. 军队信息化是指在军队建设的＿＿＿＿广泛应用现代信息技术,发展改造＿＿＿＿,开发利用＿＿＿＿,聚合重组军队要素,提高体系作战能力,推进军队变革发展的目标、要求及其相应活动和过程的统称。
2. 路线图是一种发展过程,它明确了从起点到终点的方向和＿＿＿＿。

四、简答题

1. 简述军队信息化建设的主要内容。
2. 简述部队信息化工作的主要内容。

五、综合题

1. 试论述综合集成的基本程序和部队在组织实施中应把握的主要问题。
2. 部队正在进行模拟训练系统开发,经过与外协公司交流后,对整个项目建立了基本框架,就相关工作绘制了先后关系表(如下表所列),预估了相应活动所需时间。

编号	工序名称	预期时间/日	紧前工序
A	可行性分析	5	无
B	编写、核准项目工作说明书	3	A
C	项目后勤准备	3	A
D	项目启动会	1	A
E	项目调研和业务分析	10	B、C、D
F	系统方案初步设计	5	E
G	需求报告编写和确认	5	E
H	确定总体解决方案	5	F、G
I	软硬件计划和采购	10	H
J	建立系统测试与开发环境	3	H
K	系统开发	60	I、J
L	系统测试	5	K
M	上线准备	7	L
N	试运行	50	M
O	项目完成交付	1	N

根据上述数据和资料，请做如下工作：
（1）试绘制出开发信息系统的网络图；
（2）根据网络图，求出关键工序和关键路径；
（3）部队最早需要多长时间才能使用这个训练系统？

第一章　军队信息化建设概述

由信息技术和互联网引发的新一轮科技和产业革命,正深刻改变人类社会的思想观念、组织形态和生产生活方式,催生战争形态演变和军事领域变革。要应对调整、把握机遇,需要科学认识和理解军队信息化建设管理概念,从概念入手,深入学习军队信息化建设管理理论和方法,为解决实践性问题提供指导。

第一节　军队信息化的相关概念

概念是理论的基本单元,是研究问题的逻辑起点。军队信息化建设管理相关概念,包含着"信息""信息化""军队信息化"等具体概念,其内涵随着人们认识和实践的发展而不断丰富发展。

一、信息与信息化

信息是构成人类活动必不可少的要素,信息处理能力的发展是人类社会发展最重要的基础。信息化则表示信息技术在人类社会发展中被广泛应用的程度。信息和信息化两个概念彼此联系,又相互区别。

(一) 信息

信息是通信传递的内容,信息是用来消除不确定性的东西,信息是消息和情报……对于信息,从不同的角度可以给出不同的解释,世界上至今也没有唯一的严格定义。《新华词典》对信息是这样定义的:"信息是事物的运动状态和关于事物运动状态的陈述"。

信息与物质资源和能量资源一起并列成为世界的三大资源,它具有以下特征:一是客观性。信息不以人的意志为转移,无处不在,无时不有。二是依存性。信息本身看不见、摸不着,必须依附于声波、光波、电磁波、纸张、磁盘等载体,通过语音、文字、图像、符号、视频等形式表达出来。三是时效性。信息与产生的时间密不可分,超过了既定时限的信息,其价值会急剧下降,甚至成为垃圾信息。四是可共享性。信息可以被共同占用、共同享用,这正是物质和能量所没有的特性。五是可传递性。信息可以借助于语音、计算机网络、广播电视等,从一个地点传到另一个地点,从一个时间传到另一个时间。六是可再生性。信息可以用甲骨、竹简、纸张、胶片、光盘、磁盘等保存起来,并在需要时进行复制。七是不完备性。信息既可能是客观事物的完整反映,也可能是零碎的反映,需要借助人的主观努力不断地认识和开发,也正是这一特性使人的因素在信息效用的发挥过程中成为主导。八是主导性。信息依存于物质世界,但不完全是物质的附属物,它可以支配物质世界,即我们常说的"信息流引导和控制物质流、能量流"。在军事上,信息是战斗力的主导要素。如果没有信息,部队就无法调遣,飞机就不能起飞,导弹就不能命中目标。正因为如此,在信息时代,信息成为战场上的主导因素,信息与物质、能量并称为人类社会的三大资源。

(二) 信息化

我国在《2006—2020年国家信息化发展战略》中明确:"信息化是充分利用信息技术,开发利用信息资源,促进信息交流和知识共享,提高经济增长质量,推动经济社会发展转型的历史进程。"从其本义上理解,信息化既表示信息技术在人类社会发展中被广泛应用的程度,又表示信息的作用越来越大,逐渐由辅助要素上升为主导人类社会发展的战略资源的进程。

信息化突出的是一个"化"字,即过程,是指事物从原有状态走向新状态的过程,强调的是把信息和信息技术完全融合到当代人类社会生产和生活的一切领域的"过程"。信息化的基本内涵包括:信息技术的推广与应用过程;信息资源的开发与利用过程;信息产业的成长与发展过程;工业经济向信息经济的演变过程。

现代社会信息加速产生、信息量不断增大,人们需要借助于信息技术拓展能力改造社会生活,比如用遥感技术帮助获取信息,用计算机技术帮助处理信息,用通信技术帮助传感信息等,应用信息技术改造各个方面的过程就是信息化过程。信息化正在重塑世界政治、经济、社会、文化和军事发展的新格局。信息化外延非常丰富,涉及经济社会生活的各个方面、各个领域和各个层次。宏观层次如国家信息化、社会信息化,中观层次的有区域信息化、领域信息化,微观层次的有企业信息化、社区信息化等。

二、军队信息化

2011年版《中国人民解放军军语》对军队信息化进行了明确界定,"军队信息化是指在军队建设的各个领域广泛应用现代信息技术,发展改造武器装备,开发利用信息资源,聚合重组军队要素,提高体系作战能力,推进军队变革发展的目标、要求及其相应活动和过程的统称。"

军队信息化的根本动力是广泛应用信息技术。目前,信息技术迅速发展,从单兵头盔上的数字显示器到精确制导武器的导引头,从雷达到侦察机、预警机和侦察卫星,从火炮火控系统到舰载、机载信息单元,无处不见信息技术的影子。信息技术的广泛应用,不仅开辟了提升武器装备性能的全新途径,而且将战场情况尽收眼底,使军队战斗力明显提升。

军队信息化的重要任务是发展改造武器装备。基于机械化条件发展的武器装备,已经不能适应军队作战的需要,但现有的机械化武器装备又不能完全抛弃,需要利用信息技术来提升改造它们的战术技术性能。给现有武器平台加装信息单元或将其与信息系统相连接,犹如给它们加装了"大脑"和"神经",使它们具有原本没有的信息能力,从而大大提高战术技术性能。

军队信息化的核心工作是开发利用信息资源。感测技术的发展使获取信息的手段增多,智能处理技术的发展促进了信息的融合,计算机和通信技术的发展使信息可以被近实时传输、分发和共享,信息成为联系火力、机动力的纽带,开发利用信息资源成为军队信息化的重中之重。

军队信息化的目标取向是整体转型。精确制导武器的大量运用，使军队的规模大大缩减；新型武器装备的应用，推动了网络战部队、无人机器部队、电子战部队、航空航天部队的产生。就像机械化催生了炮兵、防空兵、装甲兵一样，信息化也将从根本上打破原有的条条框框，使各个军队要素进行重组，融合成一个有机整体，形成由信息系统连接在一起的新型作战体系，推动机械化军队向信息化军队的整体转型。

三、军队信息化建设

军队信息化建设，是在军队各个领域，运用现代信息技术，开发利用信息资源，提高整体作战能力，加速实现军队信息化进程的建设活动。军队信息化建设主要包括军事信息系统、信息化主战武器系统、信息化支撑环境等建设内容。军队信息化建设是一个长期的系统工程，需要顶层设计、整体规划，更需要有科学有效的方法来指导。军队信息化建设方法有很多，如虚拟实践、综合集成、体系设计、路线图、工程化推进等方法。

军队信息化建设是军队现代化建设的主体工程，是打赢信息化战争的必然要求，也是国家信息化建设的组成部分。军队信息化建设关系富国强军战略目标的实现、军队使命任务的有效履行，在国家和军队建设中具有十分重要的地位和作用。

四、军队信息化建设管理

军队信息化建设管理，是在国家最高军事领率机关的组织领导下，依据军队信息化建设的客观规律和总目标，对军队信息化建设活动进行系统的决策、计划、组织、协调和控制，实现建设质量最优和体系效益最大[①]。军队信息化建设管理是对军队信息化建设全过程的管理，是为提高建设效益和效率的管理活动，即对是否进行信息化建设、信息化建设达到什么目标、如何高效地对信息化建设任务实施规划、组织、监督和调控等。

军队信息化建设管理的内涵非常丰富。依据管理层级，可分为全军信息化建设管理、军种和战区信息化建设管理、部队信息化建设管理；依据活动类型，可分为决策管理、规划计划管理、法规标准管理、执行管理、调控管理；依据职能任务，可分为综合管理、各领域管理（如体制编制信息化建设管理、武器装备信息化建设管理、教育训练信息化建设管理等）。

军队信息化建设管理的作用包括：一是目标定位作用，即确立战略总目标和阶段目标，提出不同阶段的任务，指引建设方向。二是粘合剂作用，即通过构建组织架构将人们联合起来，实现分工与协作。三是调节器作用，即协调各种矛盾问题，消除"信息孤岛"。四是推进器作用，即通过有效地计划、组织、协调和控制，减少资源耗费，更好更快达到建设目标。

第二节 军队信息化建设的发展历程

军队信息化建设，是一个由低级到高级、由简单到复杂、螺旋式上升、波浪式前进的过程，大体上要经历单领域独立建设、跨领域系统集成、一体化作战体系构建、信息化全面整体转型四个阶段。

[①] 杨耀辉.军队信息化建设管理概论[M].北京:解放军出版社,2015.

一、单领域独立建设阶段

在信息化的初始阶段,主要是通过计算机代替手工作业,处理作战指挥和日常管理保障等方面的业务,目的是解决一些重复的、繁杂的计算和操作问题。如文电处理、电子标图、财务电算化等提高业务效率的工作。随着电子技术和计算机技术的发展,军队各业务领域为提高指挥和工作效率,开始研发通信、指挥控制、侦察预警、综合保障等各类电子信息系统,这些信息系统的发展极大地提高军队的作战能力。

在单领域独立建设阶段,以技术手段代替手工作业、提高业务自动化处理水平为主,各类信息系统基本是在各专业领域独立发展,信息化呈现出"碎片化"状态。此时,信息化层次还比较低,基本都是在机械化体系框架内孕育、萌芽和成长。随着信息技术和信息化武器装备不断嵌入机械化军队体系,机械化逐渐向信息化过渡。自20世纪70年代起,世界发达国家军队先后步入此阶段。

二、跨领域系统集成阶段

随着信息技术的快速发展和广泛应用,一方面军队信息化建设开始着眼把各类独立的信息系统集成在一起,实现军队内部的信息共享,消除"信息孤岛";另一方面,推进信息系统与武器平台直接交链,完成信息化武器装备升级改造,提升武器装备作战效能。此时,军队整体作战效能和综合业务工作效率进一步提高。

跨领域系统集成全面展开,信息化和机械化深度融合时,军队结构中的机械化成分逐步减少,信息化成分逐渐增多、比例增大,此时构建在信息技术和信息系统之上的指挥和业务流程开始创新发展,战斗力生成模式发生改变,信息军队编制体制逐步发展成信息化军队的雏形。军队的作战能力大幅度提升,作战方式方法发生革命性变化,信息能力优势日益凸显。世界发达国家军队经过近30年的建设和发展,已全面进入系统集成阶段的中后期。

三、一体化作战体系构建阶段

通过跨领域的系统集成,把分散的信息基础设施和各军兵种、各层次的指挥控制系统、侦察监视情报系统及其他支援保障信息系统等进行整合,在局部建立起一体化的指挥信息系统,实现信息共享、快速流动和互联互通互操作;通过各系统武器装备平台集成、武器装备与军事信息系统集成,在局部建立起智能化的武器装备体系,实现"发现即摧毁"。

军队组织结构开始发生重大变化,首先是指挥关系的改变,即由传统的按建制逐级多层的指挥关系到按预定计划协同的方式转变;随后指挥方式带动保障方式转变,保障方式向便于信息快速流动、高效运用的方向发展;最后就是带动其他各个打击流程、直至整个作战方式和编制体制的改变,诸军兵种联合作战由松散向紧密、由协同性联合向一体化联合发展。

四、信息化全面整体转型阶段

随着每次的调整和创新,军队组织结构不断优化,信息化军队体系臻于完善,信息化作战样式趋于成熟,新型军事文化逐步形成,军队整体作战能力产生质的跃升,军队的整体形态在信息化社会基本实现的条件下逐步完成向信息化转型。信息化全面整体转型阶段的标志就是建成信息化军队。此时，一体化作战体系完善成熟，全领域的体系对抗成为交战的基本形态。

以上各个阶段的建设各有侧重。前两个阶段主要运用信息技术推动军事信息系统和信息化武器装备建设；后两个阶段主要通过体制机制和文化创新逐步实现军队形态的整体转型。各国军队进入不同阶段的时间和周期不尽相同，但基本上都要经历这四个历史阶段。

第三节 军队信息化建设的特点

军队信息化建设是军队建设的重要组成部分，既具有军队建设的共性特征，又具有区别于其他建设的矛盾特殊性。概括起来，主要有全局性、复杂性、系统性和长期性的特点。

一、全局性

军队信息化建设具有全局性。军队信息化建设的目的是推进军队形态的整体转型。转型是事物的根本转变，是事物的质变发展。这就决定了军队信息化建设不仅仅涉及军队的某些局部，而是要通过信息化建设实现军队作战理论、武器装备、体制编制和教育训练等各个领域的根本转变，覆盖了军队建设的全局。

信息化建设领域的全局性，必然要求军队信息化建设始终坚持从全局出发，在筹划建设时，要通盘考虑、谋篇布局，紧紧抓住对军队信息化建设全局起支撑作用的关节和枢纽，以重点突破带动和盘活全局；在建设实施时，要始终围绕全局协调局部，在局部利益与全局利益发生矛盾时，必须坚决地关照全局、服从全局，必要时应牺牲某些局部，确保全局效益最优。

二、复杂性

军队信息化建设具有复杂性。军队信息化建设作为一个涉及军队建设全局和整体的建设活动，建设任务的艰巨性、建设内容的多元性、建设关系的复杂性是前所未有的。这种复杂性突出表现在多种风险并存、多种矛盾交织、多种因素制约等方面。

信息化建设任务的复杂性和艰巨性，必然要求军队信息化建设坚持实事求是，当多种风险并存时，要多法并举、谨慎前行；在处理多种矛盾利益时，要统筹兼顾、顾全大局；当受到多种因素制约时，要善于运用理论方法，抓住重点解决主要问题。

三、系统性

军队信息化建设具有系统性。军队信息化建设涵盖军事信息系统、信息化武器装备系统和信息化支撑环境。虽然从局部环境来看，这三个领域以各种相对独立的实体形式出现，如系统、平台、理论、技术等，但从整体来看，他们则是紧密联系、充分融合、互补共进的状态。在这个大系统中，不同实体相互作用、密切协作、相互支撑，使得军队信息化能够顺畅地运作、良性发展。同时，这个大系统也与国家、地方相关领域进行交互。

军队信息化建设对外要牢固树立与国家信息化建设一盘棋的观念,周密协调好军队建设与国家建设的关系,充分依托国家资源和建设基础,依势借力地推进军队信息化建设管理;对内,要牢固树立局部效益最优不等于整体效益最优,要紧紧围绕整体效益最优,打破军兵种之间的建设壁垒,按照统一的规划计划协调好各领域、各要素之间的建设关系,追求整体聚优。

四、长期性

军队信息化建设过程的长期性,是由社会转型的渐进性、人们认识与实践的反复性和建设任务的繁重性等决定的。从全球范围看,军队信息化从孕育到发展虽然已有四五十年时间,但走向成熟和最终完善还需要一个较长的历史过程。人类社会由工业社会向信息社会转型的渐进性,决定了军队建设由机械化向信息化转型的长期性。军队信息化建设有其自身规律,人们对它的认识不是一次就可以完成的,需要经过实践认识—再实践—再认识的循环往复过程。军队信息化建设还是一项全新的历史使命,需要大批信息化人才和资金保障,这些都需要较长的时间。

虽然军队信息化建设的长期性客观存在,但在全球信息化发展的大趋势下,我们与发达国家军队信息化建设的差距不断缩小,只要审时度势、把握机遇、争取主动、认知谋划、科学组织,就能实现我军信息化建设弯道超车、跨越式发展,完成"建设信息化军队、打赢信息化战争"的目标。

作 业 题

一、单项选择题

1. 广泛应用现代信息技术、充分开发利用信息资源,把信息技术和信息资源完全融合到军队建设和作战之中是军队信息化的(   )。

A. 范畴   B. 手段和途径   C. 目的   D. 本质属性

2. 与物质资源和能量资源一起并列成为世界的三大资源的是(   )。

A. 材料资源   B. 人力资源   C. 信息资源   D. 数据资源

二、多项选择题

1. 军队信息化建设的特点是(   )。

A. 全局性   B. 复杂性   C. 系统性   D. 长期性

E. 一致性

2. 军队信息化建设管理是对军队信息化建设活动进行系统的(   )。

A. 决策   B. 计划   C. 组织   D. 协调

E. 控制

三、填空题

1. 军队信息化是指在军队建设的_____广泛应用现代信息技术,发展改造_____,开发利用_____,聚合重组军队要素,提高体系作战能力,推进军队变革发展的目标、要求及其相应_____的统称。

2. 军队信息化建设发展经历了单领域独立建设阶段、_____阶段、_____阶段和军队形态信息化全面整体转型阶段。

四、简答题

1. 简述军队信息化建设的基本概念。
2. 简述军队信息化建设管理的基本概念。
3. 军队信息化建设主要包含哪些内容。
4. 简述信息化的"化"字含义？

第二章 军队信息化建设总体指导

指导有指示引导之意,军队信息化建设总体指导是从总体上、全局上对军队信息化建设进行顶层指示引导。由于军队信息化建设具有全局性、复杂性、系统性和长期性等特点,要进行这样一个复杂的巨系统工程,必须要明确建设中的指导问题,包括确立军队信息化建设指导思想,明确军队信息化建设目标,以及在建设过程中所需要遵循的基本原则,只有这样,军队信息化建设才能确保目标正确、良性循环、持续发展。

第一节 军队信息化建设的指导思想

思想是行动的向导,指导思想是指能够指方向、指路径的思想。军队信息化建设指导思想就是对军队信息化建设的目标、方向、思路、重点以及着力点、突破口等的高度概括和集中表达。军队信息化建设指导思想具有战略性、纲领性、引领性。它既是推进军队信息化建设发展实践的顶层统揽,也是实现发展战略目标的重要保证。

一、指导思想的主要内容

军队信息化建设的指导思想,必须依据党的军事指导理论、世界军事转型的客观形势、我军新世纪新阶段新时代的使命任务,以及我军信息化建设成就奠定的发展基础来确立。

军队信息化建设指导思想是以党的创新军事理论为指导,以推动国防和军队建设科学发展为主题,以加快转变战斗力生成模式为主线,应用主导、自主创新、军民融合、体系推进,加速提高基于信息系统的体系作战能力,为实现中国特色军事变革"三步走"发展战略第二步目标奠定坚实基础[1]。

二、指导思想的基本内涵

(一) 主题主线

以推动国防和军队建设科学发展为主题、以加快转变战斗力生成模式为主线,是我们党深刻洞察国际国内大势,科学把握军队建设历史方位,深刻总结我军现代化建设发展的宝贵经验,科学指导新世纪新阶段军队建设提出的重大战略思想,是新的历史起点上指引军队信息化建设发展的根本标准和战略要求。主题主线重大战略思想,明确了国防和军队建设的指导方针、奋斗目标和发展方向,反映了新世纪新阶段我军历史使命对军队建设

---

[1] 郑宗辉.军队信息化加速发展[M].北京:解放军出版社,2014.

的必然要求,体现了维护国家安全和发展利益的深谋远虑,必须贯穿军队信息化建设发展的全过程各领域。

(二) 基本策略

应用主导、自主创新、军民融合、体系推进,是军队信息化建设的基本策略。应用主导,是把突出应用、促进转化作为常态化要求,把信息化建设成果创新与转化成战斗力统一起来,实现以用促建、建用相长。自主创新,是以国家创新体系为基本依托,把提高自主创新能力作为战略基点,坚持有所为有所不为,选择那些一旦突破就能对我军联合作战能力产生重大推动作用的关键性、前沿性、战略性技术,进行重点攻关、全力突破。军民融合,是科学统筹国家和军队资源,做到在政策法规上融合、建设规划上融合、重大项目上融合、人才培养上融合、资源共享上融合,实现军队建设与国家经济建设的协调发展。体系推进,是通过对军队信息化建设诸要素进行全面、体系化建设,建成一体化信息系统、扁平化指挥体系、新型作战力量体系、武器装备体系、综合保障体系等,推动军队建设的全面转型。

第二节 军队信息化建设的目标

军队信息化建设目标,是军队信息化建设所要实现的预期结果。军队信息化建设任务,是为达成信息化建设目标所应开展的各项工作。按照党的中心工作、国家发展大局和安全形势的需要,明确提出军队建设的目标任务是党领导我军发展壮大的基本经验。科学确立军队信息化建设的目标、任务,对于统一信息化建设的思想和行动,克服盲目性和随意性,加快军队信息化进程,具有重要的意义。

一、军队信息化建设的总体目标

总体目标,又称战略目标、宏观目标或根本目标,是对军队信息化建设全局最终所要达到的目的进行的整体描述。我军信息化建设的总体目标是"建设信息化军队",战略任务是"打赢信息化战争"。

信息化军队是信息技术占主导地位,武器装备智能化,作战系统网络化,指挥、控制、通信与情报一体化的军队。主要标志是具有先进的信息化军事理论、高效的指挥信息系统、智能化的武器装备、高素质的人才队伍、科学的体制编制、强有力的作战保障机制等。主要特点是指挥扁平化、网络一体化、武器智能化、部队模块化、作战多样化、训练模拟化、保障精确化。通常以信息化理论为指导,广泛应用信息技术,开发利用信息资源,依托信息网络,建设一体化指挥信息系统和信息化武器平台,形成适应信息化战争需要的现代化新型军队[1]。

信息化战争是依托网络化信息系统,使用信息化武器装备及相应作战方法,在陆、海、空、天和网络电磁等空间及认知领域进行的以体系对抗为主要形式的战争,是信息时代战

---

[1] 《军队信息化词典》编辑委员会.军队信息化词典[M].北京:解放军出版社,2008.

争的基本形态①。其主要特征是,信息传递处理网络化、武器装备智能化、火力打击精确化;对抗活动在多维战场主要是太空、电磁、网络空间和认知领域进行;基于信息系统体系作战能力成为战斗力的基本形态;对抗形式表现为体系与体系的整体对抗②。

二、军队信息化建设的阶段目标

阶段目标,又称具体目标,是对军队信息化建设某一阶段建设预期效果的界定与标准。一般情况下,具体目标还可根据建设情况的发展趋势、国家建设环境、周边地区安全威胁、部队可能的作战任务等将目标分解为若干个阶段目标。

党的十九大报告明确,"适应世界新军事革命发展趋势和国家安全需求,提高国防和军队信息化建设质量和效益,确保到2020年基本实现机械化,信息化建设取得重大进展,战略能力有大的提升。同国家现代化进程相一致,全面推进军事理论现代化、军队组织形态现代化、军事人员现代化、武器装备现代化,力争到2035年基本实现国防和军队现代化,到本世纪中叶把人民军队全面建成世界一流军队。"

第三节 军队信息化建设的基本原则

军队信息化建设的基本原则是进行军队信息化建设活动所依据的基本准则和标准,是指导思想的具体化。根据我军信息化建设的指导思想和信息化建设的客观规律,确立以下基本原则。

一、顶层领导,科学管理

顶层领导,科学管理,是指在我军信息化建设中,坚持由顶层统一设计、整体布局,并将科学的管理理念、管理方法、管理技术运用于建设实践中,确保军队信息化建设整体有效推进。

贯彻顶层领导原则,就是要在中央军委领导下,由军队网络安全和信息化领导小组统一设计和布局,在组织领导和管理上实现全军信息化建设"一盘棋"。军队信息化建设是一项覆盖全军各军兵种、贯穿军队各领域的庞大而复杂的系统工程,需要坚强有力的领导来组织协调,确保信息化建设沿着正确的方向协调发展。

贯彻科学管理原则,就是运用现代管理科学与技术,探索具有中国特色的信息化建设模式和建设方法,用先进的管理理念指导建设。只有遵循信息化建设发展规律,不断优化组织领导和管理体制,形成科学的组织模式、法规制度和运作方式,才能按照统一的目标,凝聚各方面的力量,提高信息化建设的整体质量和效益。

二、需求牵引,自主创新

需求牵引,自主创新,是指在军队信息化建设中,坚持以作战需求引领建设,以技术发展推动建设,使信息化建设在牵引力和推动力的综合作用下又好又快发展。

---

① 军事科学院.中国人民解放军军语[M].北京:军事科学出版社,2012.
② 胡光正.军队信息化建设教程[M].北京:军事科学出版社,2012.

贯彻需求牵引原则,必须明确军事需求的目标是"能打仗,打胜仗"。建设始终要为作战服务,由战需求牵引明确的方向和目标,通过有重点的发展和推广关键信息技术,建设相应的作战手段,发展相应的作战能力,建成满足作战需求的军队信息化各个要素,最终建成信息化军队。

贯彻自主创新原则,就是在引进先进技术的同时,加快科技的自主创新能力建设,形成独立自主的信息化技术体系,加快信息化建设的步伐。先进技术是买不来的,只有依靠自主创新。应采取逐步迁移、逐项迁移、逐个迁移等措施,以及制定相关"门槛",推动自主可控建设尽快发展,防止我国信息化建设受到外国的技术牵制,尽快缩小与发达国家的差距。

三、统筹规划,重点先行

统筹规划,重点先行,是指统一规划、统一部署,制定长远的建设目标和任务,并根据当前一个时期所要面临的实际情况,先行建设重点的和急用的项目,让信息化建设高效、有序的发展。

贯彻统筹规划原则,就是要运用科学的手段,站在战略的高度统筹规划军队信息化建设的内容和步骤。一方面应充分吸收和借鉴西方发达国家军队信息化建设的经验和教训,避免走大的弯路;另一方面也要保持我军特色,充分考虑我军实际,规划出具有中国特色的军队信息化建设之路。还应统筹建设的各个方面,兼顾建设中的各种矛盾,为军队信息化建设谋长远发展之道,设计可操作性强的执行方案。

贯彻重点先行原则,就是要坚持与时俱进、突出重点。按照习近平主席提出的"能打仗、打胜仗"的目标要求和"把作战急需的信息手段搞起来,力争把战略优势转化为战场胜势"的重要指示,依据当前国际、国内的安全形势和国家利益拓展的需求,着眼解决影响我军信息化建设发展的突出矛盾和问题,突出作战,确保作战指挥顺畅高效,优先确定重点建设的方向和重点建设的项目,先行集中资源重点保障。

四、综合防范,确保安全

综合防范,确保安全,是指坚持把信息安全摆在突出地位,使项目建设与安全建设同步进行,确保信息化建设科学发展、安全发展。

网络安全和信息化建设是一体之两翼,驱动之双轮。贯彻这一原则,就是要在统一组织和筹划信息防护方案的前提下,加强信息安全法规建设,严格规定各级各类人员涉密等级、权限和时限,加强对人员的教育和管理,特别是对接触核心机密的人员要严格管控;加强安全设施建设,研发和推广先进的安全技术设备和软件,提高信息系统防渗透、防攻击能力。

五、军民融合,协调发展

军民融合,协调发展,是指将军队信息化建设纳入国家信息化建设的整体中,充分利用国家信息化建设的资源和成果,在技术、人才、产品、生产能力以及基础设施等方面高度融合,实现军队信息化建设与国家信息化建设的协调发展。

贯彻军民融合原则,就是要按照军民融合式发展的要求,制定军民融合的信息化建设规划;搞好地方科技资源调查和成果转化,建立直接采用成熟民用技术的有效机制;吸收地方高科技人才,充实军队信息化建设队伍;借鉴地方信息化建设的经验教训,以减少浪费,少走弯路。

作 业 题

一、单项选择题

1. 我军信息化建设总目标是( )。
   A. 建设信息化军队　　B. 提高战斗力　　C. 提高建设效益　　D. 适应信息化战争
2. 到2035年国防和军队建设要基本实现( )。
   A. 机械化　　　　　B. 信息化　　　　C. 现代化　　　　　D. 智能化

二、多项选择题

1. 军队信息化建设的基本原则是( )。
   A. 顶层领导,科学管理　　　　　　B. 需求牵引,自主创新
   C. 统筹规划,重点先行　　　　　　D. 综合防范,确保安全
   E. 军民融合,协调发展
2. 军队信息化建设的基本策略是( )。
   A. 应用主导　　　　　　　　　　B. 自主创新
   C. 军民融合　　　　　　　　　　D. 体系推进
   E. 信息主导

三、填空题

1. 国防和军队建设确保到2020年基本实现_____,_____建设取得重大进展,战略能力有大的提升。
2. 军队信息化建设指导思想是以党的创新军事理论为指导,以_____为主题,以_____为主线。

四、简答题

1. 简述我军信息化建设的总体目标。
2. 简述我军信息化建设的阶段目标。
3. 简述我军信息化建设的基本原则。

第三章 军队信息化建设主要内容

军队信息化建设主要内容,是信息化本质内涵的反映,主要规范信息化"建什么"的问题,也就是要明确信息化建设各组成部分及其相互关系。随着作战需求的发展、技术应用的深入,以及认识的深化,军队信息化建设内容也持续丰富。现阶段我军信息化建设的主要内容包括军事信息系统、信息化主战武器装备系统和信息化支撑环境。其中,军事信息系统是军队信息化的核心,信息化主战武器装备系统是军队信息化建设的重点,这两个方面构成了建设内容的主要物质要素,是衡量军队信息化水平的重要标志,也是形成和提高基于网络信息体系的联合作战能力的关键。信息化支撑环境作为保障军队信息化建设协调发展的重要依托,是最具创新活力的组成部分,直接影响着军事信息系统和信息化主战武器装备系统的发展和使用。三者相辅相成,构成了军队信息化建设的内容体系。

第一节 军事信息系统建设

军事信息系统是"用于保障军队作战和日常活动的信息系统"[①]。军事信息系统提高了武器装备的智能化、网络化和一体化程度,延伸了人对战场信息的感知能力、对武器平台的控制能力,对于形成和提高基于网络信息体系的联合作战能力具有基础和支撑作用。它是具有特定军事功能的有机整体,由栅格化信息网络、指挥信息系统、信息作战系统、日常业务信息系统和嵌入式信息系统等构成。

一、栅格化信息网络建设

栅格化信息网络是采用信息栅格技术与面向服务体系架构,综合集成信息传输、处理、服务、安全防护和运维支撑等各类软硬设施构成的有机整体,可以实现各级各类指挥所、作战部队和武器平台等作战单元的随遇接入和无缝互联,为用户提供实时、精确、可靠的端到端综合信息服务,支持陆海空天电(网)五维战场和全系统全要素的体系集成,为实现联合作战指挥、形成基于网络信息体系的联合作战能力提供基础支撑。

(一)栅格化信息网络建设的主要内容

栅格化信息网络主要由基础传输层、网络承载层、信息服务层、安全保障系统和运维支撑系统组成,简称为"三层两系统"。栅格化信息网络建设涉及的内容十分广泛,但主要应突出以下六个方面能力建设。

宽带传输能力建设。宽带传输能力是指以不同带宽、不同通信手段、不同服务质量和

---

① 军事科学院.中国人民解放军军语[M].北京:军事科学出版社,2011.

服务等级,提供端到端的信息传输服务的能力。宽带传输能力建设是栅格化信息网络建设的重点和基础,主要包括两个方面:一是组织光缆网长途干线传输系统扩容改造,采用智能先进的光纤传输技术,对已建的系统扩充信道,优化网络结构,提高传输效率,逐步将链状和环状网络结构调整为网格状,形成跨区骨干层、战区骨干层和本地接入层三级网络架构;二是加快发展天基信息传输系统,通过发射宽带大容量的二代军事通信卫星,实现星地资源综合管控,提高机动通信传输容量和星地一体传输能力。

广域覆盖能力建设。广域覆盖能力是指为用户提供接入栅格化信息网络的地理覆盖范围和用户支持数量。广域覆盖能力建设是栅格化信息网络实现随遇接入的前提,也是指挥链路末端贯通、跨区远程通信的重要保障,主要包括两个方面:一是拓展天基地域覆盖,通过发射卫星,构建适合多种应用的天基信息传输系统,常态化覆盖我国领土、领海和周边地区;二是延伸光缆末端覆盖,建设支线光缆和海底光缆线路,解决各类基本作战单元和作战支援保障要素光缆通信问题,满足部队战备值勤、军事训练、应急突发事件等任务的通信保障需求。

随遇接入能力建设。随遇接入能力是指各类机动用户和无线网系快速接入栅格化信息网络,贯通指挥信息链路的能力,其典型特征就是"随遇接入、即插即用"。随遇接入能力建设,重点是在当前军事信息网络扩容改造和延伸覆盖的基础上,新建资源管理网,通过资源管理网将各类无线通信系统统一汇聚后接入固定网络,实现"机动栅格"(即机动无线网络)与"固定栅格"(即核心承载网络)的安全受控互通。

按需服务能力建设。按需服务能力是指为各战略方向联合作战行动提供可靠的信息处理和共享服务,实现各类信息资源的统一组织和栅格化计算、虚拟化存储、集约化管理、常态化保障的能力。主要包括两个方面:一是信息服务中心建设,依托军事信息网络,建设战略和战役两级信息服务中心,为全军提供共用的计算存储、统一目录、信息搜索和应用服务等基础环境,实现数据信息、软件构件、基础设施等各类信息资源按任务需要灵活组织、共享使用;二是信息服务保障机制的形成,建立共用信息服务和专业信息服务两种模式。共用信息服务模式由信息保障部门负责组织建设管理,主要提供全网一体的信息资源目录和信息资源共享环境;专业信息服务模式由相应业务部门按照职能分工负责组织建设管理,主要建立本部门信息服务平台,对外按照统一的技术体制链接到信息服务中心。

安全可控能力建设。安全可控能力是指为各类信息系统和信息网络提供安全可靠的等级防护,有效防御各类网络攻击,快速处置各类网络安全事件的能力。安全可控能力建设,重点是建立以各级安全防护中心为主体的安全保障体系,面向全军提供安全服务、监测预警、风险评估、应急响应、管理监察等安全保障服务,实现由被动防护向主动防御转变,初步形成安全可信的网络空间。

运维支撑能力建设。运维支撑能力是指网络态势准确掌握、网络资源动态调控和网络质量快速评估,确保栅格化信息网络可靠运行和信息通信资源准确掌控的能力。运维支撑能力建设是栅格化信息网络可靠运行、通信资源准确掌控和业务自动调度的重要支撑,是信息通信部门掌握网络态势、调控网络资源、规划设计网络的主要手段,重点是依托资源管理网,建设多级综合运维系统,构建新型运维力量体系,完成"三级管理、二级结构、四级用户"的系统部署,实现体系结构由多层级、小区域向少层级、大区域转变,系统建设由分散建设向集中建设转变，运维管理功能由基本监控和资源管理向端到端自动化调度转变，管理对象由面向网络管理向面向资源调度、流程管理和服务管理转变。

（二）栅格化信息基础网络建设的总体思路

着眼国家安全和发展战略全局，以能打仗、打胜仗为统揽，紧紧围绕实现强军目标，坚持以战斗力为根本标准，认真贯彻落实军委决策部署，按照基于网络信息体系的联合作战能力建设要求，遵循"整体设计、分类建设、系统集成"的工程化建设方法，坚持从系统到要素再到系统的路子，以重大工程为抓手，集成改造现有通信网系，构建布局合理、功能完善的栅格化信息基础网络，整体提高广域覆盖、宽带传输、随遇接入、按需服务、安全可控等能力，满足"三军一体、攻防兼备"的战场建设要求，为提高以打赢信息化局部战争为核心的多样化军事任务能力提供重要保障。

（三）栅格化信息基础网络建设的发展方向

一是天地一体、广域覆盖。栅格化信息基础网的传输手段构成上要多元化，把光缆网、短波网、军事互联网、数据链和卫星网等紧密结合起来，对固定通信设施、移动通信设施、升空通信平台和空天通信平台进行合理部署，形成天地一体的网络构架，不断扩展栅格化信息基础网的覆盖范围。

二是多网融合、综合支撑。形成各类信息系统综合承载、各类信息统一交换、各种力量网聚联动的基础平台。

三是共享共用、按需保障。提供统一用户标识、统一服务管理、统一信息访问和统一资源使用。

四是多重防护、可靠可信。分别在网络传输防护上、要点防护上、信任保障上，实现网上行为的可控、可管、可追踪。

二、指挥信息系统建设

指挥信息系统是以计算机网络为核心，由指挥控制、情报、通信、信息对抗、综合保障等分系统组成，可对作战信息进行实时的获取、传输、处理，用于保障各级指挥机构对所属部队和武器实施科学高效指挥控制的军事信息系统[1]。

（一）指挥信息系统建设的主要内容

指挥信息系统建设主要包括指挥控制、情报侦察、预警探测、一体化机动通信系统、信息对抗及综合保障等"六类"系统的建设，如图3-1所示。

指挥控制系统。指挥控制系统（简称指控系统），是指指挥员及其指挥机关对作战人员和主战武器装备实施指挥和控制的信息系统，主要由信息处理、显示、传输与监控等硬件平台，以及完成系统指挥与作战功能的处理软件构成，也有人将其称为指挥所信息系统。指挥控制系统是指挥信息系统的"心脏"和"大脑"，具有情报接收处理与态势生成、辅助决策、作战模拟与评估、信息显示与分发、战术计算、命令发布、安全保密、部队管理、

---

[1] 军事科学院.中国人民解放军军语[M].北京:军事科学出版社,2011.

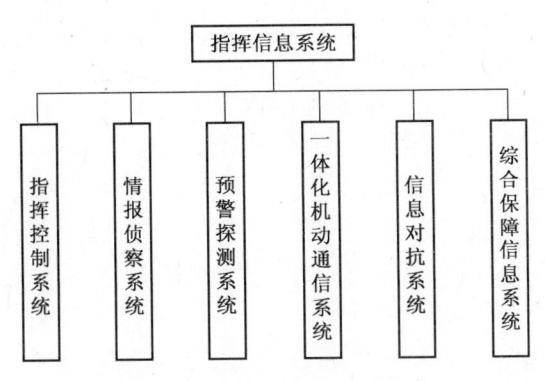

```
                    ┌─────────────┐
                    │ 指挥信息系统 │
                    └──────┬──────┘
     ┌──────┬──────┬───────┼───────┬──────┬──────┐
   指挥   情报   预警   一体化   信息   综合
   控制   侦察   探测   机动通  对抗   保障信
   系统   系统   系统   信系统  系统   息系统
```

图3-1 指挥信息系统的构成

训练模拟等功能，其基本任务是辅助指挥员及时掌握战场态势，科学制定作战方案，快速准确地向部队下达作战命令。

情报侦察系统。情报侦察系统是支持情报侦察机构和情报人员实时收集、处理、存储、分发、传输各类情报的信息系统。目的是实现军事情报活动中情报信息的定向、收集、传递与处理的自动化、实时化、精确化。实质是充分利用信息技术优势，以适应情报工作日益复杂、繁重特点，提高情报的及时性、准确性、可用性和利用率。情报侦察系统作为指挥信息系统的重要组成部分，是指挥员获取战场环境、部队动态、打击效果等信息的重要物质基础，在军队信息化建设和信息化条件下作战中发挥着越来越重要的作用。情报侦察系统中各构成要素的相互影响、相互制约与作用所带来的复杂性及多样性决定了系统类型的多样性。按照不同的标准，从不同的角度，情报侦察系统有不同的类型。按运用层次可分为战略、战役及战术级情报侦察系统；按军兵种可分为陆军、海军、空军和火箭军情报侦察系统；按照手段可分为航天、航空、海面及水下、地面情报侦察系统；按照所使用的技术可分为无线电信号、光学、雷达和振动、声音、压敏、磁敏情报侦察系统等。

预警探测系统。预警探测系统是指利用探测、监视和通信技术手段，对外层空间、空中、地面、海面上和水下目标进行不间断搜索、考察、测量、收集情报，对来袭或威胁性目标进行测定、发现、识别、跟踪并及时作出预先警报的电子信息系统的统称。主要是探测、监视对手或潜在对手各种目标的活动规律和动态情况，及时、准确地探测到威胁目标，迅速判断出目标的特性、种类等重要参数(诸如目标的位置坐标、航速、航向等)，并做出威胁程度判断，发出预先警报。预警探测系统依据任务、作用的不同可以进行不同的分类。按照预警任务的不同，预警探测系统可以分为防空预警探测系统和反导预警探测系统两大类；按照预警作用的不同，预警系统可以分为战术预警探测系统和战略预警探测系统。

一体化机动通信系统。一体化机动通信系统是基于统一的机动通信技术体制，有机融合短波、超短波、微波、卫星、移动、有线等各类通信手段，面向全军共用的新一代机动通信系统，是可移动的栅格化信息网络，可为全军各类战役战术行动提供通信保障和信息服务。一体化机动通信系统的网系构成，可综合概括为"一网三系统"，其中，"一网"是指用于保障战役战术活动的军事互联网，它是一体化机动通信系统的主体；"三系统"分别指的是数据链系统、移动通信系统和网络综合管理系统。

信息对抗系统。信息对抗系统是指为争夺信息获取权、控制权和使用权而进行的对抗和斗争中所使用的，以现代信息技术为核心的武器装备及系统，主要包括电子对抗系统、网络对抗系统和认知对抗系统。目前，按照信息对抗的不同形式，信息对抗系统可以有多种划分方法，如按信息对抗的空间来说，可划分陆上信息对抗系统、海上信息对抗系统、空天信息对抗系统；如按信息对抗的武器装备来说，可以划分为卫星信息对抗系统、导弹信息对抗系统、坦克信息对抗系统、火炮信息对抗系统等。

综合保障信息系统。综合保障信息系统是采用先进的数据处理技术、网络技术和数据库技术，实现指挥控制功能与信息管理功能的有机结合，为指挥机构、作战部队和武器平台提供信息保障能力，提供物资、装备、运输、工程保障能力和战场环境保障能力的军事信息系统。目前，典型的综合保障信息系统是美国的全球作战支援系统（GCSS），该系统是执行采办、财政、人力资源管理、后勤、装备、运输、工程、防化等保障任务的综合保障信息系统。

（二）指挥信息系统建设的总体思路

指挥信息系统建设的总体思路是：按照"能打仗，打胜仗"要求，细化建设需求，分层次、分步骤地确定能力指标和信息流程，把需求牵引贯穿于指挥信息系统研发的全过程；按照作战体系的能力需求，明确指挥信息系统的组成结构、要素关系和主要功能，设计符合"一体化"要求的指挥信息系统体系结构；统一标准规范，按照体系建设的要求，系统梳理和选择国际、国家、军队、部门等各类应用标准，重点明确互联互通互操作相关标准，为业务管理部门立项审批、研制部门总体设计、系统部门订货引进提供依据；坚持典型引领、滚动发展，通过典型项目建设，总结大型系统建设管理经验，发挥其龙头和示范效应，持续推进版本更新、业务迁移和软硬件替代，以滚动发展实现系统升级换代；加强集成创新，重点解决系统瘦身、功能完善和安全防护等问题，利用指挥信息系统的集成化、联合化、智能化发展趋势，针对不同应用领域、不同应用级别，制定指挥信息系统软硬件装备标准配置，用最简约的装备体系实现最高效的体系保障，增强系统功能，提高智能化水平和软件、硬件的安全防护能力，为指挥作业辅助决策、系统快速恢复重建等提供支撑；打牢数据基础，以作战数据为核心制定数据建设专项规划，牵引和规范其他业务领域的数据建设，逐步建立起简约实用、动态更新、有权共享的数据管理机制。

（三）指挥信息系统建设的发展方向

一是指挥控制系统向一体化、智能化方向发展。借助多元战场感知信息融合印证、态势综合评估、信息按需分发和指挥作业辅助决策等智能化运用成果，指挥信息系统可快速形成统一的战场态势图，能够按需高效实时处理战场信息，对战场作战效能进行实时评估，为各级指挥机构作战筹划和控制部队行动提供辅助决策支持，提高指挥控制的正确性、可靠性和实效性。

二是情报侦察和预警探测系统向综合化方向发展。随着侦察传感技术、情报处理技术、计算机技术和通信技术的发展，情报侦察和预警探测系统将分布于陆、海、空、天、电、网多维空间的各类探测、侦察、监视、识别信息获取设备构成综合化的系统，可将多源侦察情报相互补充和验证，产生更加准确、可靠的信息。在信息融合、人工智能等技术的支撑下，情报侦察和预警探测系统在信息处理范围、速度、精度及情报的置信度和支持决策能力必将得到发展，将促进情报侦察和预警探测系统向智能化发展。测向定位的精度、图像情报传感器分辨率,传感器的作用距离等装备性能的提升,完善分布式体系结构和安全机制,必将提高情报侦察和预警探测系统的抗隐身、抗干扰、抗辐射和抗摧毁能力。

三是综合保障系统向可视化、精确化方向发展。未来的信息化战争将涌现出一些新的保障成分,如对信息化系统运用的保障、对特殊系统的防护、对特种作战行动的保障等,从而改变以往遂行保障任务时比较单一的定点保障、随伴保障方式。精确保障、跳跃保障、超越保障等新型保障方式将越来越依赖综合保障信息系统,这对综合保障信息系统的建设、使用提出了新的要求。综合保障信息系统融合利用物联网、大数据等新兴信息技术,并向空基、天基等保障平台发展(如空基无人机平台、天基定位与导航),以实现综合保障的可视化和精确化,实现与其他各级军事信息系统的功能单元一体化综合集成,构成纵向衔接、横向联系的多级中心分布式的网状结构;并向平战结合的方向发展,平时用于作战训练,战时用于作战指挥保障。

三、信息作战系统建设

信息作战,是综合运用电子战、网络战、心理战等形式打击或抗击敌方的行动。目的是在网络电磁空间干扰、破坏敌方的信息和信息系统,影响、削弱敌方信息获取、传输、处理、利用和决策能力,保证己方信息系统稳定运行、信息安全和正确决策[1]。

(一) 信息作战系统建设的主要内容

从功能和应用的角度来看,信息作战系统主要由电子战系统、网络战系统和心理战舆论战法律战系统等内容,如图 3-2 所示。

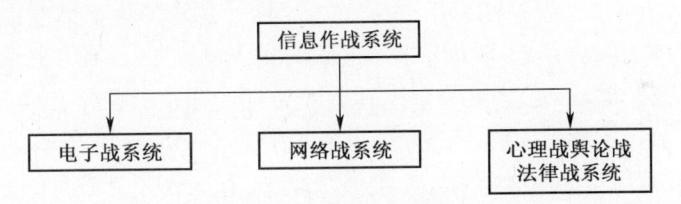

图 3-2 信息作战系统构成

电子战系统是以各种电子攻防系统为主要组成的信息作战系统,其建设主要包括电子侦察、电子进攻和电子防御等系统。

网络战系统是以计算机网络为主要平台和对象,以各种网络战武器为主要手段的信息作战系统,其建设主要包括网络侦察、网络攻击和网络防御等系统。

心理战、舆论战、法律战系统(简称"三战"系统)是指以各种信息技术装(设)备为主要手段,进行舆论较量、心理对抗和法理争夺,从而对人的心理、团体的决策、社会的舆论产生特定影响的信息系统。"三战"系统建设目前尚无确定的划分标准,按照使用媒介不同可分为网络"三战"系统建设、广电"三战"系统建设和纸质"三战"系统建设等。

(二) 信息作战系统建设的总体思路

信息作战系统建设的总体思路是:统一管理,总体筹划,按照国家核心安全需求和信息

---

[1] 军事科学院.中国人民解放军军语[M].北京:军事科学出版社,2011.

化战争需要,总体筹划信息作战系统的发展目标、发展规划、建设内容和建设步骤等,着眼提升信息作战能力整体水平,采取一体化设计、资源整合、力量融合的方法,推进信息作战系统的整体发展;循序渐进,突出重点,根据信息作战中面临的最大潜在威胁和为应付这些威胁在装备上存在的最大差距、缺陷,加大投入,补齐"缺项"、弥补"短板",发展急需的信息作战系统及配套系统;攻防兼备,融合发展,信息保障、信息进攻、信息防御等要素建设同步发展、同步提升,在系统建设过程中注重研发体系融合,作战指挥流程顺畅,协调运行机制完备;坚持特色,适当引进,在适当引进世界先进技术,获取急需装备和技术的同时,加强信息作战系统及技术的自主可控建设,努力提高国产化水平,形成信息作战系统自身优势。

(三) 信息作战系统建设的发展方向

一是电子战系统向多手段、高精度、认知化方向发展。电子战系统作为对敌方各种信源、信道、信宿等目标进行破坏、干扰、压制和弱化的武器系统,是信息作战系统的主体。电子侦察系统不断向高精度方向发展,为电子进攻和电子防御提供精确的电磁态势。电子进攻系统正日益趋于自主态势感知、自主决策和生成策略并采取行动、自适应电子防护等认知化方向发展,为进一步增强对敌方电子设备的压制性干扰或欺骗性干扰,确保造成敌方通信中断、指挥瘫痪、雷达迷盲、武器失控的作战效果,降低对己方和友方的误伤。电子防御系统则主要通过多方式、多手段技术设计来提高电子装备的反探测、反侦察、抗干扰和抗摧毁能力,在频域上,采用新频段(毫米波、光波段),扩展信号频谱(大带宽),使用频率捷变(快速变频、跳频);在空域上,通过发射窄波束使波束零点自适应指向干扰源,使用极化捷变;在功率上,增大有效辐射功率,提高接收机的信噪比;在信号形式上,采用编码、加密技术,使对方侦察不到有用信息;在体制上,开发各种新体制电子装备等。

二是网络战系统向突出技术应用与多方式防护方向发展。网络战系统是信息作战系统的又一重要内容,其发展趋势主要表现在两个方面:首先,开发应用先进的网络战技术。开发网络空间感知技术,利用网络环境中的各种传感器(如包嗅探器、系统登录文件、入侵探测系统、威胁数据库)获取信息,实现对入侵者身份和攻击地点的判断,恶意活动定位(即攻击网中何处)、威胁分类、攻击速率、攻击严重程度的评估,从而为网络防御提供决策依据;开发获取和篡改网络信息的技术,实现利用计算机软件中预先设置的后门获取敌方计算机网络中的信息,通过攻占密钥管理系统和获取密钥来获取敌方信息,通过获取敌方网络的身份识别和口令,以合法身份渗入敌方网络来获取信息;开发各种网络信息攻击武器与技术,如分布式拒绝服务攻击技术,逻辑炸弹、蠕虫、计算机病毒技术,电磁脉冲武器技术等。其次,通过多种方式和手段增强网络信息和信息系统的防护能力。例如,建设网络时采用安全操作系统、安全数据库管理系统、防火墙、数据加密、漏洞扫描等信息安全软硬件技术,并通过身份识别和访问控制,来确保网络的信息安全。

三是"三战"系统向体系化、高技术化方向发展。在当前和今后一段时期,世界各国军队将在"三战"理论研究和系统研制的基础上,重点进行"三战"系统标准化、系列化、集成化研究,将试用成熟的系统及时定型列装,逐步形成比较完善的"三战"系统体系,如心理战训练系统、心理战信息收集系统、心理战指挥系统、信息制作系统、舆论宣传系统、无线远程扰音系统等。此外,新的对抗技术与功能将随技术的进步而产生并装备化,野战有线电视发射机、野战中小功率便携式广播、心理战多元宣传弹等技术设备等,都将作为装备用于"三战"对抗战场。如美军使用国防部科研机构研制的"全息图像"装置,曾在索马里沙漠制造出一副高约150m的耶稣基督肖像,可以来控制人的思想,影响人的心理,应用在未来战场中将会对敌军心理产生很大影响。再如,美军在伊拉克战场上曾用EC-130H电子战飞机,对伊拉克军民实施舆论宣传和心理干扰。又如,西方国家和美国近年来,利用推特、维基、谷歌、CNN、BBC、法新社、路透社等新闻媒体和新媒体,利用翻墙技术、末端网络等新技术,对所谓的敌对国家实施法律战和舆论战攻击,并成功实现所谓"颜色革命"。

四是整体上向增强性能、综合发展、拓展运用方向发展。未来信息化战争中,信息作战系统向进一步改进和提高现有系统的作战性能,综合研发多功能信息作战系统,以及拓展应用范围等方面发展。①增强性能。信息作战武器性能上的改进,力求作用范围广、作用精度高、反应时间和作用时间短、自我伪装和防护能力强。②综合发展多功能的信息作战系统。把有源干扰与无源干扰、压制性干扰与欺骗性干扰、杂波干扰与非杂波干扰等各种干扰手段结合起来;把信息对抗侦察干扰、信息对抗指挥控制结合成一个有机的整体,使信息作战系统具有侦察、测向、分析、识别、威胁判断、自动决策、干扰资源管理、干扰效果检查及控制干扰转换等多种功能。③扩展应用范围。通过通信和雷达系统的发展以及光电和毫米波设备的大量使用,引领和拓展信息作战系统应用方向和领域,使信息作战系统的使用频率从射频扩展至声波与光波频段,使信息作战从电子战领域向心理战领域扩展;同时,逐步将语音模拟技术、虚拟现实技术、激光技术、现代仿声与仿形技术及隐身技术引入信息作战,以提高认知领域信息作战的效果。

四、日常业务系统建设

日常业务信息系统是指各级机关在日常办公中处理各种业务所用到的各类信息系统的总称,主要由通用日常业务信息系统和专用日常业务信息系统构成。

(一) 日常业务信息系统建设的主要内容

日常业务信息系统主要由通用日常业务信息系统和专用日常业务信息系统构成。

通用日常业务信息系统是指日常业务中的基础性公用业务信息系统,建设内容主要包括开发和应用公文处理系统、会议管理系统、日常事务管理系统、日常值班系统、办公决策支持系统、辅助办公系统和信息共享系统等。主要用于处理机关日常业务中的基础性公用业务,具有公文处理、会议管理、日常事务管理、日常值班、办公决策支持、辅助办公、信息共享等功能。

专用日常业务信息系统是指各业务专业统一使用的信息系统。建设内容主要包括开发和应用军务日常管理系统、政工日常管理系统、后勤日常管理系统和装备日常管理系统等。具体来说,主要是各业务部门根据自身业务特点开发的业务处理系统,比如门禁系统、干部档案系统、财务系统、装备战损登记系统等。

(二) 日常业务信息系统建设的总体思路

军队日常业务信息系统建设,应按照"整体设计、标准先行"的思路,避免产生新的"烟囱",切实提高建设效益。整体设计,就是要制定科学合理的日常业务信息系统体系框架,应明确日常业务信息系统的体系构成,明确与指挥信息系统信息互通的模式方法,通过综合集成建立统一的系统构架,形成技术标准统一、共性部分可移植的机关、指挥所、部队典型系统。标准先行,就是要突出日常业务信息系统建设的一体化和标准化,日常业务信息系统的网络平台、网络安全防护系统、机关办公等公共平台和应用系统必须统一规划、统一建设、逐级推广,避免重复建设;军事、政治、后装等专业应用系统由各业务部门组织建设,但必须按照统一的接口标准和技术规范预留相应的综合集成接口,确保各应用系统间能互联互通和数据共享;通过制订统一的规范和标准,解决各单位日常业务信息系统间纵向和横向的互联互通的问题。

(三) 日常业务信息系统建设的发展方向

军队日常业务信息系统的总体发展方向是实现各分系统之间的互联互通、协同办公、持续发展,并有效融入作战体系,主要包括以下几个方面。

一是研发自主可控的一体化日常业务网络平台。重点研制和发展具有独立自主知识产权的网络硬件和软件产品,建立自主可控的一体化日常业务网络平台。需研制和发展的软硬件产品主要包括路由器、服务器、交换机、保密机、磁盘阵列、终端信息设备,基于安全的操作系统、数据库系统、通用办公系统、网络信息传输系统和加密解密系统软件等。

二是实现日常业务信息系统的可持续发展。日常业务信息系统的开发要保持与军队信息化建设的需求和滚动发展保持高度一致,应依托现有信息基础设施,面向实际需求,采用符合相关军用规范和标准的成熟技术与平台,要有严格的身份认证与权限控制,使用军用保密技术,要能够与现有的军队相关软件系统互联,要有可配置性和可扩充性,随着应用需求的改变,能随时配置或增加新功能,使系统功能不断完善,以适应军队信息化建设的可持续发展要求。

三是注重日常业务信息系统与作战体系的有机融合。军队日常业务信息系统发展不仅要满足日常办公的需求,更应着眼长远,突出其作战功能的体现,通过与作战体系综合集成实现平时与战时的多功能运用。从我军现状看,指挥控制系统与日常业务信息系统各有侧重,互为补充。指挥控制系统地位特殊,其运行体系封闭、功能应用集中、覆盖范围小;日常业务信息系统则成本低、覆盖面广,体系开放灵活。因此,应充分发挥两者的优长,加强两系统的有机融合,提高综合运用效能。

五、嵌入式信息系统建设

嵌入式信息系统,是指嵌入信息化作战平台或信息化弹药中,具有相对独立的信息功能,专门用于控制、监视或者辅助操作的信息系统。嵌入式信息系统是信息系统在信息化作战平台或信息化弹药中存在的一种表现形式,是信息力与火力相融合的产物。嵌入式信息系统,从技术和功能上看,属于军事信息系统,从存在形式上看,属于主战武器系统的重要组成部分。嵌入式信息系统是指挥信息系统和武器系统铰链的末端,是信息化主战武器系统发挥体系作战能力的关键因素。

(一) 嵌入式信息系统建设的主要内容

嵌入式信息系统主要由嵌入弹药的信息系统、嵌入信息化作战平台的信息系统组成。

如图 3-3 所示。

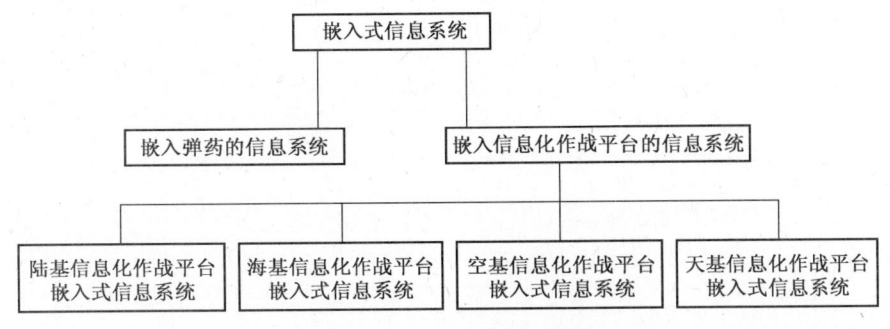

图 3-3　嵌入式信息系统构成

嵌入弹药的信息系统主要是制导信号处理机，用来提高弹药的精确打击程度。根据制导手段的不同，分为雷达接收机、激光接收机、红外接收机、GPS 接收机、光纤连接器等。根据制导方式的不同，分为主动式、半主动式和被动式信号处理机。按照嵌入对象的不同，嵌入信息化作战平台的信息系统分为陆基信息化作战平台嵌入式信息系统、海基信息化作战平台嵌入式信息系统、空基信息化作战平台嵌入式信息系统和天基信息化作战平台嵌入式信息系统。

陆基信息化作战平台嵌入式信息系统是指嵌入炮兵装备、防空兵装备、装甲兵装备、陆军航空兵装备和工程兵装备等陆基信息化作战平台，具有侦察、预警、制导、控制、通信等信息功能的信息系统、信息单元和信息模块的统称。其组成主要包括火控单元、战术制导系统、侦察观瞄系统、战术指挥控制系统、定位跟踪识别系统等。

海基信息化作战平台嵌入式信息系统是指嵌入海基核威慑核反击作战装备、海基机动作战装备、海军基地防御作战装备、海军精确制导武器等海基信息化作战平台，具有侦察、预警、制导、控制、通信等信息功能的信息系统、信息单元和信息模块的统称。其组成主要包括海军信息获取系统、海军信息传输系统、海军信息处理系统、海军指挥控制系统、海军信息对抗系统和海军信息保障系统等。

空基信息化作战平台嵌入式信息系统是指嵌入作战飞机、航空武器弹药、防空反导武器装备、空降作战装备等空基信息化作战平台，具有侦察、预警、制导、控制、通信等信息功能的信息系统、信息单元和信息模块的统称。其组成主要包括嵌入式指挥控制、预警探测、情报侦察、通信、导航、航管、气象保障、地理测绘等系统。

天基信息化作战平台嵌入式信息系统是指嵌入空间武器平台、空间作战装备、空间作战保障装备等天基信息化作战平台，集空天指挥、控制、通信、处理、侦察监视、导航定位、环境探测、战略预警等功能于一体的嵌入式信息系统、信息单元和信息模块的统称。

（二）嵌入式信息系统建设的总体思路

嵌入式信息系统建设，应按照"体系集成、系统规范"的思路有序进行。体系集成，是指嵌入式信息系统建设必须突出网络化和一体化，在对信息化主战武器装备进行信息化改造或改进过程中，应注重嵌入式信息系统的综合集成，使其具备通用性，从而加速武器系统之间的信息流动，为提高信息化主战武器装备的整体效能奠定基础。系统规范，是指嵌入式信息系统建设应突出规范化。随着信息技术的快速发展,嵌入式信息系统建设已经从军兵种意义上的单一系统,向跨武器平台间的互联互通发展。因此在嵌入式信息系统建设过程中必须突出规范化设计、规范管理、规范体制、规范指挥、规范传输,这是嵌入式信息系统建设的客观要求,才能保证嵌入式信息系统在"需求—概念—物化—使用"过程中,各种要素和要求的一致性,从而保证嵌入式信息系统具备良好的互通性。

(三) 嵌入式信息系统建设的发展方向

随着信息技术的不断进步和军事需求的不断拓展,嵌入式信息系统也正在向多功能、综合化、智能化等方向发展。

一是发展多种类、多功能的嵌入式信息系统。根据作战需求,充分运用先进的信息技术,大力发展多种类、多功能、多用途的嵌入式信息系统,已经成为世界各军事强国的通行做法。嵌入式信息系统不仅在传统的通信、侦察和电子对抗领域得以充分发展和运用,还逐步拓展到天基信息系统、无人机平台、数据链、指挥控制系统等新的应用领域。其功能不仅体现在指挥、控制、通信、情报、侦察、监视、精确火力打击等方面,而且还拓展到在同种功能系统的数据融合、信息服务、武器系统状态监测控制、远程控制、远程计量、动态视频传输、智能感知等方面,从而不断促进预警探测、情报侦察、火力打击、作战指挥控制、通信联络、战场管理等领域的信息采集、传输、处理和显示的网络化、自动化和实时化。

二是发展嵌入式指挥控制系统。嵌入式指挥控制系统的目标就是建立一个具有完整作战功能的数字化系统,能以直接嵌入方式嵌入到作战过程中去,以系统方式提供给指挥人员,满足战术部队作战指挥中对单兵、火力系统有效控制的需要,实现战略、战役、战术作战指挥控制系统以及各个作战单元之间指挥信息流的"无缝链接"。

三是发展基于物联网的嵌入式智能感知系统。未来信息化战争中,基于嵌入式智能感知系统互联的智能传感器网将与军事信息传输网深度融合,广域传感网络将与栅格化信息基础网融为一体。届时,嵌入式智能感知系统将遍及任何有需求的武器系统,物物通信将与人人通信完全区别开来,各种对通信质量要求较高的军事物联网业务,如图像传输、视频特别是机动中的视频传输、武器装备状态智能感知(包括对装备编码、地理位置、战场环境、机动情况、发射情况等全面状态的信息感知)等将得充分应用。

第二节 信息化主战武器装备系统建设

信息化主战武器装备系统是指信息技术起主导作用,具有信息探测、传输、处理、对抗等功能,能够对敌方目标及功能具有直接杀伤、摧毁、破坏作用的武器装备系统。信息化主战武器装备系统具备信息探测、传输、处理和对抗等功能,与军事信息系统交链一体,结构上可伸缩可替代可重组,是信息力、机动力、火力和防护力的有机融合。目前,武器制造中有关信息系统的研制费用已占军舰成本的25%,占装甲车辆成本的30%,占导弹成本的50%,占飞机成本的50%~70%。信息化主战武器系统建设的内容非常广,本节的主要研究信息化作战平台建设、信息化弹药建设和新概念武器建设。

一、信息化作战平台建设

信息化作战平台,是指以信息化武器控制系统为核心,大量采用信息技术,具有运载、投送和管理控制功能,具备较强的探测、识别、打击、机动、定位、突防和隐身等综合能力,并可作为武器依托的坦克、装甲车辆、火炮、舰艇、作战飞机、导弹发射装置等各类武器载体。主要包括陆上信息化作战平台、海上(水下)信息化作战平台、空中信息化作战平台、太空信息化作战平台。

信息化作战平台的优势在于:一是通过侦察、探测、制导、控制、打击等功能的自动化、精确化和一体化,信息化作战平台的"侦控打评"能力显著提高;二是通过嵌入各种侦察、预警、信息对抗设备,信息化作战平台的自身防御能力明显增强;三是通过将平台和综合保障系统、其他作战单元关联,形成体系对抗能力。

(一) 信息化作战平台建设的主要内容

信息化作战平台建设的主要内容包括:由先进的坦克、自行火炮、导弹发射装置等组成的陆基信息化作战平台建设;以各种大型舰艇、潜艇等组成的海上(水下)信息化作战平台建设;以各种先进作战飞机和直升机等组成的空基信息化作战平台建设;以各种军用卫星和航天飞机等组成的天基信息化作战平台建设;各种无人作战平台建设。

陆基信息化作战平台建设的主要内容包括炮兵装备、防空兵装备、装甲兵装备、陆军航空兵装备等武器装备。其中,炮兵装备建设的主要内容是实现数字化改造,防空兵武器装备建设的主要内容是提高巡航弹道防御能力,装甲兵装备建设的主要内容在于主战坦克和步兵战车的数字化改造,陆军航空兵武器装备建设的主要内容是进行直升机的信息化改造。

海基(水下)信息化作战平台建设的主要内容包括:海基核威慑核反击作战装备、海上机动作战装备、海军基地防御作战装备等。海基核威慑核反击作战装备建设的主要内容是提高舰艇作战系统和操控系统的自动化水平,海上机动作战装备建设的主要内容是改进信息系统,使海上机动作战平台成为海上重要信息节点,海军基地防御作战装备建设的主要内容和海上机动作战装备类似,随着电子信息设备及技术的渗透性越来越强,信息化改造将是全面、持续提升海军基地防御作战装备效能的必由之路。

空基信息化作战平台建设的主要内容包括航空武器装备、地面防空防天武器装备、空降作战装备、无人机等,用于遂行快速、机动、精确、隐蔽、全天候和全空间的作战行动。

天基信息化作战平台建设的主要内容包括空间武器平台、空间作战装备、空间作战保障装备等。空间武器平台建设的主要内容是进行空间装备集成,以空间平台为主,将陆、海、天武器装备综合为一体的大系统;空间作战装备建设的主要内容是加强空间信息对抗技术和研发和应用;空间作战保障装备建设的主要内容是发展导航定位系统、侦察系统、太空监视与防御系统等。

无人作战平台是指无人操作的军用车、船、机、星等,能够承载各种有效载荷、发射制导弹药的有效载体。其建设主要包括无人驾驶坦克、无人战车、无人舰艇、无人潜艇、无人飞机,以及无人航天器和形形色色的军用机器人等。

(二) 信息化作战平台建设的总体思路

从信息化作战平台建设的主要内容可以看出,现阶段,陆基、海基(水下)、空基信息化作战平台建设的总体思路主要是围绕电子信息系统展开,开展各类作战平台的数字化、信息化改造,努力提升各类作战系统和操控系统的自动化水平,强化各类作战平台间的信息共享能力,提升武器装备作战效能;天基信息化作战平台建设的总体思路是加速推进侦察、预警、导航、通信和具有在轨攻防对抗能力的等各类军用卫星系统建设,增强空间装备和作战平台的集成水平。

(三) 信息化作战平台建设的发展方向

由于信息化作战平台是一个非常复杂的武器装备体系,装配有大型电子信息设备的战车、战舰、战机、航天器等信息化作战平台具有十分复杂的内部结构,各组成部分的功能不同,因此陆基、海基、空基、天基信息化作战平台的发展方向也各自有所不同。

未来陆基信息化作战平台,将不断强化高性能战役战术导弹发射装置、装甲战车和信息化火炮为骨干的陆上机动作战装备和战略反导等建设,并以之为建设的主要内容和发展方向。

海基(水下)信息化作战平台,主要发展以航空母舰和核潜艇为骨干的远海防卫作战装备和以高性能驱逐舰、导弹艇和常规潜艇为骨干的近海防御装备。

空中作战平台信息化的发展趋势是,立足于武器装备的改进与研制,主要发展以战略轰炸机、大航程歼击机与多用途战斗机为骨干的远程空中打击与野战防空相结合的空中打击装备体系,同时加快研发长航时的无人侦察机与无人作战飞机,使得整个空基信息化作战平台向体系网络化、平台隐身化、驾驶无人化、武器远程化以及空天一体化等方向发展。

未来天基信息化作战平台,主要发展航天发射、测控装备,以实时侦察卫星、海洋监视卫星为核心的天基信息平台,以天基雷达、天基激光、天基红外系统为核心的探测系统和以空天飞机为核心的空天作战武器,进一步改进一次性使用的航天运载工具,综合形成有效的深空探测能力、快速可靠的发射与测控能力、较强的信息支援保障能力、实战化的反卫星能力。

未来的无人作战平台,可能会代替人类完成一切任务,如侦察监视、武装打击、工程保障、通信和电子对抗等。

二、信息化弹药建设

信息化弹药是指采用精确制导技术,依靠自动动力装置推进,能够获取和利用目标所提供的位置信息,并由制导系统控制飞行路线和弹道以准确攻击目标,直接命中概率大于50%的弹药。信息化弹药有的自成火力单位,有的装备在飞机、舰艇、坦克、装甲战车等作战平台上,有的则可由单兵操纵发射。

(一) 信息化弹药建设的主要内容

信息化弹药建设的主要内容包括各种制导炸弹、各种导弹和末敏弹药等。

制导炸弹亦称灵巧炸弹,有激光、电视、红外和无线电等制导方式。其建设的主要内容是发展特种炸弹和"超小型弹药"。如波音公司正在研制的巨型穿地炸弹,弹体长6m,重达13.6t,装载2.7t爆炸弹药,使用惯性制导技术和卫星制导技术,可穿透厚度达60m的钢筋混凝土建筑物。主要用于轰炸地表以下的深层目标,或用于摧毁地下建筑物中的坑道或堡垒,还可用于炸毁高层建筑物。

导弹建设方面,受国际政治、国民经济、战略目标的限制,导弹建设的主要内容是发展地地导弹。从世界范围看,地地导弹的建设的主要是强化基本型、系列化,提高机动性、缩短反应时间,提高命中精度和突防能力,增大射程、提高反拦截能力,注重建设多种先进战斗部等。

末敏弹药主要由末制导炮弹、末敏弹、炮弹修正弹、炮射导弹等组成。其建设的主要内容是研制榴弹末制导炮弹、地雷与末敏弹复合武器、复合式弹道修正弹等。

(二) 信息化弹药建设的总体思路

信息化弹药建设的总体思路:一是远程化,通过采用底部排气、火箭增程、高能发射装药等先进技术增加弹药射程,实现在敌对火力圈之外有效打击敌人的目的。二是精确化,通过使用制导导航修正、末敏弹药、智能子弹等手段提高命中目标精度,实现对敌的远程精确打击。三是多功能化,通过缩短飞行时间、强化隐身效果、增加侦察、探测、中继通信、毁伤评估目标等功能,不断提高信息化弹药的性能。四是小型化,充分利用微机电技术、纳米技术、新型材料、高性能微波、非致命战剂等先进技术手段,使信息化弹药做到革命性跨越式变革。

(三) 信息化弹药建设的发展方向

信息化弹药的发展已经经历了三代,目前正在向灵巧型、智能型方向发展。灵巧型弹药是一种在火力网外发射、"发射后不管"、自动识别与攻击目标的武器;智能型弹药是能利用声波、无线电波、可见光、红外线、激光、甚至气味、气体的一切可利用的直接或间接目标信息,自主选择攻击目标和攻击方式的精确制导武器。

三、新概念武器建设

新概念武器主要是指有别于传统武器杀伤破坏机理和作战方式的武器。目前大多处于研制或探索发展之中,通常具有较高的作战效能和费效比,能够取得出奇制胜的作战效果。

(一) 新概念武器建设的主要内容

目前,正在发展中的典型新概念武器的主要有定向能武器、动能武器、电磁脉冲武器等。

定向能武器是指向一定方向的目标发射高能量射束以毁伤目标的武器。即通过一定的能量转换装置,将某种电磁辐射和高速运动的微观粒子束聚焦成强大的射束,以光速或接近于光速的速度,沿一定方向射向目标的武器。定向能武器领域主要包括激光武器、高功率微波武器、粒子束武器等。定向武器建设的主要内容是不断提高武器的发射功率和威力。

动能武器是指利用超高速运动的具有极大动能的弹头,通过直接碰撞(而不是通过常规弹头或核弹头的爆炸)方式直接与来袭武器相撞并直接摧毁的武器。主要包括动能拦截器和电磁发射武器建设。动能武器建设的主要内容在于发展实战化动能拦截器,以及电热化学炮和电磁轨道炮等。

电磁脉冲武器,是一种利用核爆炸或其他方法产生的强电磁脉冲来摧毁电子设备的新型武器,具有破坏范围大、不杀伤敌有生力量的特点。目前,世界各国的电磁脉冲武器建设通常侧重于战略型电磁脉冲武器建设和战术型电磁脉冲武器建设两个方向。

(二) 新概念武器建设的总体思路

在现今新军事革命时代,新概念武器建设的总体思路也出现了新的动向。一是在战略武器领域,战略新概念武器是更高层次的人与各种技术手段的有机结合,其主要目标是在使己方尽可能"隐身化"的同时使对方"全透明化",从而从根本上掌握战略主动权;二是随着各种技术已接近其物理极限,新概念武器建设的重点应是寻求新的途径和方式,如打击对象、作用方式以及材料、能量精确分配、信息技术的综合利用等。

(三) 新概念武器建设的发展方向

当前,新概念武器体系构成主要包括定向能武器、动能武器和电磁脉冲武器等三类,但决不限于这个范畴。在今后一个时期,除了这三类新概念武器将不断发展外,基因武器、非致命武器、纳米武器等新概念武器也都将得到长足发展。

一是强激光武器将成为防空反导的利器。近年来,美、俄等国都在积极发展强激光武器,并取得了巨大进展,有的已接近战斗部署阶段。就美军而言,激光武器将成为美国导弹防御体系的重要成员,美军将着力研制出全尺寸、全功率(约300MW)、具有实战能力的样机,初步形成作战能力,乃至具备摧毁低轨卫星的有效能力。

二是高功率微波武器将成为信息战的重要手段。高功率微波武器作为未来信息化战争的重要软硬杀伤武器,将成为攻击敌方信息链路或节点的主要手段之一。据相关报道,俄军某防空系统,其微波功率将突破1GW,杀伤距离可达10km。可以预见,高功率微波武器将以精确制导武器或无人作战飞机为优选平台,压制敌防空能力将成为其首要作战目标;与此同时,高功率微波关键器件将继续向小型化、高效率、高功率方向发展。高功率微波武器的未来发展趋势主要有以下几个方面:努力提高现有各部件的性能,向毫米波扩展,开展小型化研究,优化武器结构,提高生存能力等。

三是非致命武器将广泛应用于战争与非战争行动。基因武器、气象武器和各种非致命武器将为未来的战争与非战争军事行动提供更多的选择。广泛运用信息技术的非致命武器有的已投入实用,大部分则处于研制阶段。预计在未来二三十年内,将陆续投入使用。未来还可能利用纳米技术,制造更小的"雄蜂",随心所欲地远距离改变敌方天空的云层状况,为向敌方实施进攻创造条件。

四是基因武器将可能得到很大发展。基因武器是指运用遗传学原理和基因工程技术,通过对DNA重组,在一些致病细菌或病毒中植入能对抗普通疫苗或药物的基因,或者在一些本来不会致病的微生物体内植入致病基因,以此培育出新的抗药性极强的致病菌。

与传统生物武器相比,基因武器具有杀伤力极其巨大、生产成本低、使用方便、难治难防等特点。目前,基因武器正处于由概念阶段向雏形阶段发展的过渡时期,需要引起高度警惕。

五是纳米武器将逐步走向战争舞台。纳米武器是指利用纳米技术制造的微型武器。纳米技术是 20 世纪 90 年代出现的一门新兴技术。它是在 $0.1\sim100\mathrm{nm}(1\mathrm{nm}=10^{-9}\mathrm{m})$ 尺度的空间内,研究电子、原子和分子运动规律和特性的崭新高技术。其涉及面十分广泛,包括纳米电子技术、纳米材料技术、纳米机械制造技术、纳米显微技术及纳米物理学和纳米生物学等不同的学科和领域。纳米技术应用于军事领域,产生了纳米攻击机器人、纳米卫星、纳米间谍飞行器、纳米探测器等纳米武器系统。与传统武器相比,纳米武器具有隐身性强、高度智能化、便于打击"要害"、可大量使用、隐蔽性强等特点。正因为如此,不少军事专家宣称,由纳米技术的发展而导致的武器装备的这种微型化将在军事作战领域引发一场真正的革命。

第三节 信息化支撑环境建设

信息化支撑环境是支撑军队信息化建设与发展的各种保障条件和环境的统称,是保证军队信息化建设协调发展的重要依托。积极开展军队信息化支撑环境建设,对于理清军队信息化建设思路,调整和规范军队信息化建设各方关系和行为,培养军队信息化建设急需人才,具有重大的现实意义。军队信息化支撑环境涉及众多内容,本章着重论述军队信息化理论、法规标准、体制编制、人才队伍、军事信息技术等五个方面的建设工作。

一、信息化理论建设

军队信息化理论是着重研究信息化条件下军队建设和作战的特点规律,与建设信息化军队、打赢信息化战争需求相适应的新型军事理论[①]。军队信息化理论建设,是军队信息化建设的重要内容,是军队信息化建设的先导和重要基础。

(一) 军队信息化理论建设重点

军队信息化理论建设,以打赢未来信息化战争的需求为牵引,围绕"信息化战争怎么打、信息化军队如何建"等关键问题,突出战争战略、作战指导、部队建设和军队信息化基础理论等四个方面的创新。

战争战略理论是军事理论的顶层理论,指导着军队各领域建设和战役战术理论。抓住了战争战略理论的创新,也就抓住了信息化理论创新的龙头。

信息化作战理论建设,要贯彻"能打仗、打胜仗"要求,坚持"你打你的,我打我的"指导思想,根据不同的作战对象、不同的作战环境和不同的作战任务开展创新。

信息化建设理论,紧紧围绕"什么是军队信息化"这一基本问题,科学阐释军队信息化的内涵、本质、特点及规律。

---

① 军事科学院军队建设研究部.军队信息化建设概论[M].北京:军事科学出版社,2009.

(二) 军队信息化理论建设发展

随着信息化局部战争实践的不断丰富和军队信息化进程的不断加快,军队信息化理论呈现出日益丰富完善的态势。为顺应和强化这一态势,建立理论创新体系、改进研究方式、促进成果转化、弘扬军事理论创新文化,促进军队信息化理论创新,已成为军队信息化理论建设的重要特点和发展趋势。更加注重军队信息化理论新型体系的建设,更加注重军队信息化理论研究方式的改进,更加注重军队信息化理论建设成果的转化。

二、信息化体制编制建设

世界军事发展史表明,军事转型必然推动且决定着军队组织体系重构。遵循这一规律,形成适应体系作战能力生成和发挥的信息化体制编制,既是信息化建设的重要内容和紧迫任务,也是信息化发展的关键环节和重要保证。

(一) 信息化体制编制建设重点

借鉴世界主要国家军队体制编制变革的经验教训,立足我国的国情军情实际,依据军队现代化建设的战略目标和战略部署,当前信息化体制编制建设应着力围绕以下四个方面的工作展开。

1. 完善信息化建设管理体制

根据新的编制体制,进一步明确军队信息化建设管理相关职能部门的职责与分工,真正形成高度权威、集中领导和统管相适应的信息化建设领导管理机构。尽快完善信息化建设战略决策、规划、预算和监控一体化运行机制,强化信息化武器装备发展、信息系统和信息基础设施建设、情报信息融合、信息化标准体系建设等的集中领导与统管。完善信息化建设统筹、协调工作机制,通过主管机构与业务领导机关的沟通和协作,抓好信息化建设体系结构落实、信息系统和信息资源应用管理、军民信息化融合管理等。完善信息化建设立法、执法、问效一体化运行机制,提高军队信息化建设领导管理法制化水平。

2. 健全联合作战指挥体制

一是建立联合作战指挥实体机构。根据作战任务,建立超越军种、诸军种平等、常设的联合作战指挥机构,推进军事斗争准备的扎实开展。二是理顺联合作战指挥关系。明确诸军兵种之间、军兵种与指挥机构之间、指挥机构各业务部门之间等的相互关系,明确指挥权力与义务,确保上级对下级实施顺畅的指挥和部队相互间协调一致的行动。

3. 优化军兵种结构

削减陆军部队数量,提升海、空军兵力比例;精简步兵等传统兵种员额,增大陆军航空兵、海军陆战队、空降兵、特种兵等技术兵种的比例;大力精简压缩非作战单位和非作战人员,增加作战部队和作战保障部队的数量。在作战部队中,组建或扩建情报战、心理战、网络战和太空战部队,增强打赢信息化局部战争力量。

4. 调整改革作战部队编制

探索模块化编组形式。以旅或营为基本作战单元,平时以合成战术模块编组,受军兵种管理,战时根据具体作战需要进行功能模块组合,遂行不同地区、不同强度、不同规模、不同样式的作战任务。提高作战部队的合成程度。在旅(营)作战单元内增编兵种作战和支援单位,通过兵种混合编组,提高旅(营)作战单元的兵种合成程度,使作战旅(营)具备较强的作战、战斗支援、勤务保障等能力。

(二) 信息化体制编制建设发展

与层次众多、分工精细、功能多样的机械化军队体制编制相比较,信息化军队体制编制建设趋于规模精干、结构合理、体制扁平、编组科学的鲜明特征。

1. 总体规模精干化

信息化条件下,信息成为战斗力生成的新源泉,信息化武器装备成为战斗力生成的关键物质因素,信息系统、信息网络成为战斗力生成的基本平台,拥有信息优势意味着战场主动权。信息化局部战争实践一再表明,军队的数量、质量与战斗力的关系正在发生根本性变化:质量逐步上升到主导地位,数量退居次要地位,质量可以弥补数量的不足,而数量优势难于抵消质量的差距。基于此,世界发达国家的军队都在向缩小规模、提高质量的方向发展。

2. 编制结构新型化

信息技术的发展和信息化武器装备的广泛应用,催生新的作战形态和作战理论,牵引并促使军队编制结构主动变革,呈现出现役兵力的比例下降,预备役兵力的比例上升;陆军兵力所占比例下降,海、空军兵力比例上升;战斗部队的比例减小,保障部队的比例增大;传统兵种所占比例减小,技术兵种比例不断增大的态势。与此同时,新的军(兵)种部队不断创建。如随着军用航天器的大规模发展,太空兵作为新的独立兵种进入军队编制序列,目前,美国航天司令部编制有约6万人的航天部队,俄罗斯太空部队指挥部编制有约9万人的"天军";随着网络技术、C^4ISR系统、电子战装备的发展,网络战部队相应创建,其中2009年6月24日,美国国防部长盖茨正式下令建立网络司令部并编制近9万人的网络战部队,英国随即宣布成立网络安全办公室和网络安全行动中心,开始组建"网络兵团",韩国军方宣布其网络战指挥中心将于2012年投入使用,另据报道,俄罗斯、以色列等国正在组建准备应对"网络战争"的"网络军队";随着军用机器人的发展,机器人部队也将走上人类战争舞台。

3. 指挥体制扁平化

信息化条件下,信息化武器装备的发展和应用,推动作战部队小型化、功能化,引发作战样式和指挥方式深刻变革,促使支援保障系统、指挥控制系统和作战平台一体化,从而形成"便于信息快速流动"的横向联通、纵横一体的"扁平化""网络化"指挥体制。一是领导指挥机构精干,如美国国防部主要直属单位从34个减至12个,俄国防部和总参谋部的机关人员裁减50%以上,德国国防部裁员38%,法陆军参谋部编制人员裁减46%。二是领导指挥层次减少,如美军作战部队的指挥跨度由过去的5~6个单位增加至9个单位,法军撤销了陆军集团军、海军舰队及空军联队司令部的建制,由战区联合作战指挥部直接指挥作战部队。三是建设联合作战指挥体制,联合司令部或联合参谋部成为常设战略指挥机关,依托联合作战指挥信息系统统一指挥陆、海、空三军作战行动。

4. 作战编成多元化

随着信息化武器装备的发展和信息化作战理论的完善,现代战争的作战样式和作战形式均发生了重大变化。与之相适应,军队的作战编成也发生了变化。一是小型化。随着高精度、大威力、远射程的信息化武器的发展,战场的杀伤和破坏力成倍增大,以较小规模的力量即可达成作战目的,臃肿庞大的部队难于适应信息化作战机动灵活、反应快速、指挥灵便、隐蔽突然的行动需求,因而,旅、营或更低级别的战术单位将成为主要的作战建制,军、师编制将可能最终消亡。二是模块化。不同地区、不同强度、不同规模、不同样式的作战任务对作战能力的具体需求不同,世界一些军事强国纷纷采取多军种混合编组、多兵种混合编组、"数字化模块"编组等方式,组建适应性强的功能模块化部队。三是一体化。着眼未来信息化战争体系对抗、一体作战的特点,世界军事大国正探索将各作战单元或作战要素有机融合的作战体系,组建一体化作战部队。如美军设想组建五种类型的一体化作战部队:①由装甲兵、炮兵、机械化步兵、导弹兵、攻击与运输直升机分队组成的一体化地面部队,如陆军营特遣队;②由侦察机、攻击机、战斗机等多机种组成的空军混编联队和中队,即"空天远征部队";③编有"飞行坦克"的陆、空机械化部队;④由一个陆军旅特遣队、一个空军战斗机中队、一支海军舰艇部队和一个陆战队分队编成的陆海空联合特遣部队;⑤现役与预备役(国民警卫队)混合编成的"一体化师"。俄军准备组建三种新型的一体化部队:①由陆军的摩步师、坦克师、特种旅、火箭旅和空军的战斗机、强击机、轰炸机团及海军的陆战队营、空降兵的空降师组成的"多用途机动部队";②由地面、空中和太空兵组成并用于进行"空天战"的"航空航天部队";③由各军种非战略核力量组成的"非核战略威慑部队"。

三、信息化人才队伍建设

军队信息化人才,是指掌握信息化作战基础知识和技能,具有较强信息能力和信息素养,胜任相关岗位工作的军事人才,其基本特征为时代性、专业性、复合性。

(一) 军队信息化人才培养重点

主要应着力培养联合作战指挥人才、信息化建设管理人才、信息技术专业人才、新装备操作和维护人才等四类人才。

1. 联合作战指挥人才

总体上由联合作战指挥军官和联合作战参谋军官组成,涵盖战略、战役、战术三个层次,军事、政治、后装等岗位。主要包括:负责联合作战、训练组织指挥的中高级指挥军官,负责信息化条件下作战、训练组织协调、出谋划策的中高级参谋军官;负责政工、后装、信息保障等领域的指挥军官和参谋军官;各类作战部(分)队,参与联合作战组织筹划的相关保障人员。

2. 信息化建设管理人才

总体上由负责军队信息化建设宏观筹划与战略管理和负责部(分)队本单位信息化建设管理工作的人才组成。主要包括:专门负责军队信息化建设管理的领导与参谋人员;直接从事军事信息系统开发建设的管理人才;从事信息咨询与信息服务的专门人才,从事军事信息的采集、处理、加工、使用、评估的组织管理人才。

3. 信息技术专业人才

总体上由从事信息技术研究、指导运用以及军事信息系统设计、装备管理和维护的专门人才组成。主要包括:信息技术主管部门、科研院所、装备厂家等单位的理论研究、技术开发、教学训练和论证评估等人员;担负网络建设管理维护、信息资源建设、信息服务保障等任务人员。

4. 新装备操作和维护人才

总体上由军事信息系统操作维护和部队信息化武器平台操作维护人才组成，涵盖专业技术军官、士官等业务和技术骨干。主要包括：全军从事信息网络系统建设、网络监控与修复、软件设计与编程、信息对抗、网络安全等人才；直接操作使用和维护部队信息化装备设备、物资器材的人才。

（二）军队信息化人才培养发展

加强军队信息化人才建设发展，必须积极推进人才兴军强军战略，把军委关于人才建设的指示精神和规章制度落到实处，为提高以打赢信息化局部战争能力为核心的完成多样化军事任务能力，提供智力支撑。

1. 拓展培养途径

信息化人才培养大体上有任务规划培养、自主定单培养和多元联合培养三种途径和形式。在这三种组织方式中，部队与院校的协作尤为重要，主要表现为部队、训练基地与院校间的联教联训机制。

2. 加强分类管理

根据军队信息化人才的类别，遵循人才建设规律，科学设置各类人才的成长路线图，建立健全以"四类"人才为重点的人才档案，保留适当超前培养数量和后备力量数量。

3. 严格考评选拔

坚持品德、能力和业绩相统一的考评导向，构建科学完备的考评体系和选拔任用机制。构建素质能力考评体系，推进专业技术人才考评改革，完善干部使用制度。

4. 加强优化调控

坚持需求牵引，强化计划管理，促进各战备方向、各专业领域人才有序流动、合理分布。推行轮岗制，突出特殊人才管理，完善技术干部保障机制，营造拴心留人的工作环境。

四、信息化法规标准建设

军队信息化法规制度是关于军队信息化建设的法律、法规、规章和标准规范的统称，是军委和各级领导机关在信息化条件下制定的用于规范建设信息化军队、打赢信息化战争的行为准则体系，既是军队信息化建设的重要内容，又是军队信息化建设的基本依据和制度保障。

（一）军队信息化法规制度建设重点

军队信息化法规制度建设是一项内容丰富的实践性活动，必须把握规律、突出重点、扎实推进。

1. 军队信息化法规体系建设

根据我国《立法法》和军队立法条例的规定，军队信息化法规体系主要由全国人大常委会、国务院和中央军委制定的军事法律、法规，以及各军种和战区制定的军事规章构成。

2. 军队信息化标准体系建设

军队信息化建设标准主要是根据相关技术的应用和转化以及彼此的技术关系制定的，在层级上低于军队信息化法规，是对法规的技术性补充和手段性约定。

（二）军队信息化法规制度建设发展

目前，我军信息化法规制度建设还处于探索阶段，随着军队信息化建设的深入发展，信息化法规制度体系将会得到进一步充实，涉及的领域将越来越广泛，规定的内容将越来越具体，其在军事法规标准体系中的地位必将越来越突出。

1. 完善信息化法规制度管理体系

科学搭建军队信息化法规制度体系框架，努力做到指挥体制、信息化装备、信息作战、信息保障、信息管理、信息安全等各个领域、各个层次和不同类型法规制度的相互照应和衔接，避免法规制度内容的重复、交叉和冲突。

2. 提高信息化建设的法制化水平

加速推进军队信息化建设，需要在新的军事理论指导下，优化军队组织体制，改革和完善法规制度，为军队信息化建设转入深化完善阶段奠定基础。为此，迫切需要将信息化体制编制、部队信息化管理纳入军队信息化法规体系，进一步提高体制编制和部队信息化管理的法制化水平。

3. 加大军队信息化法规制度的执行和监督力度

军队信息化法规制度建设不仅要形成各种法规制度和标准规范条文，更重要的是要贯彻执行，让法规制度的效力成为规范部队建设、军事训练和官兵行为的准则。

五、信息技术应用

信息技术是关于信息采集、传输、存储、处理、控制、应用和信息安全等方面的技术。用信息技术改造军队、靠信息优势赢得战争，已成为军队信息化建设的本质要求，成为引领其他军队信息化要素发展的"龙头"，以及军队信息化发展的动力源泉。从信息应用角度，可将信息技术分为信息基础技术、信息主体技术、信息应用技术、新机理信息技术等。

（一）信息基础技术及其应用

信息基础技术，主要指信息装备元器件制造、生产和应用的技术，是信息获取技术、信息传递技术、信息处理技术、信息控制与决策技术等的支撑技术，是整个现代信息技术体系的基础部分[①]。信息基础技术按照不同的分类可以有不同的内容，但主要包括：微电子技术、纳电子技术、光电子技术、真空电子技术等。

在军事领域，微电子技术为军事装备实现高性能、低能耗、小型化、智能化、高可靠性提供了技术支持，被广泛应用于雷达、计算机、通信、导航、火控、制导和电子对抗等各类军用设备上，使武器系统发生概念性的变化，并进一步改变传统战争的模式，即从面对面的战斗演变成当今及未来的超视距作战；纳电子技术主要用于军用纳米卫星、微型导弹、军用纳米飞机、纳米机器人以及军用纳米计算机等武器装备系统中；光电子技术在军事中的运用前景主要表现在提高制导武器的精度、高目标信息的获取能力、提高信息传输能力等方面，也可直接用于武器控制，促进武器的智能化、无人化；真空电子器件的应用领域非常

---

① 沈树章.军事信息学[M].北京：解放军出版社，2014.

广泛,包括雷达系统、电子对抗系统、通信系统、微波定向能武器、适于夜战应用的光电成像与转换器件等。

(二) 信息主体技术及其应用

信息主体技术,主要指信息获取、传输、处理以及安全与对抗等信息应用主体技术,按照军事信息技术的分类,包括信息获取技术、信息传递技术、信息处理与管理技术、信息对抗技术等。

在军事领域,信息获取技术的应用主要体现在侦察监视、对弹道导弹的预警和跟踪、对战术范围内敌情的侦察等;信息传递技术是连接信息获取、信息处理、指挥控制、武器平台以及各军兵种的纽带,已渗透到所有现代兵器中,新的威力巨大的技术兵器无一不依赖于信息传递来发挥它的潜在效能;信息处理与管理技术主要用于战场空间感知、态势信息融合、战场信息挖掘、智能化决策支持等方面;信息对抗技术主要运用于电子对抗、网络对抗和信息攻防等领域。

(三) 信息应用技术及其应用

信息应用技术,主要是指面向应用层面的网络融合、信息服务、互操作等一类技术。近年来,信息技术领域出现了信息栅格、云计算、移动宽带、物联网、大数据和智慧地球等一系列新技术、新概念,在全球范围内迅速掀起了新一轮的信息技术应用热潮,极大地改善了人们的工作生活,同时也必将改变未来的战争模式。在军事领域,军事信息栅格可以实现所有信息节点之间的互联互通互操作,大大提高信息获取、处理、分发和使用的自动化,能够克服"烟囱式"系统的局限。

(四) 新机理信息技术及其应用

新机理信息技术是指工作原理、应用机理和运用方式与传统信息技术有显著差异的各类信息技术的统称。现代新科学机理技术的不断涌现推动军事新机理信息技术迅速发展和广泛运用。当前具有代表性的新机理技术主要有量子技术、生物技术、认知无线电技术等。

在军事领域,量子技术在量子通信方面有着广阔的应用前景;生物技术可以大幅度提高部队的作战效能和生存能力,为军事变革发展提供全新的条件和途径;认知无线电被预言为未来无线技术的发展方向,当应用到军事通信中,能大大地提高对战场的认知能力,较大幅度地提高整个通信系统的容量、组网速度、电磁兼容能力、抗截获能力等。

作 业 题

一、单项选择题

1. 指向一定方向的目标发射高能量射束以毁伤目标的武器是(　　)。
   A. 动能武器　　　B. 电磁脉冲武器　　　C. 定向能武器　　　D. 精确制导武器
2. 信息装备元器件制造、生产和应用的技术主要指(　　)。
   A. 信息基础技术　B. 信息主体技术　　　C. 信息应用技术　　D. 新机理信息技术

二、多项选择题

1. 现阶段我军信息化建设的主要内容,包括(　　)。
   A. 军事信息系统　　　　　　　　B. 信息化主战武器装备系统
   C. 信息化支撑环境　　　　　　　D. 军队转型
   E. 体制编制调整

2. 军事信息系统主要包括(　　)。
   A. 栅格化信息网络　　　　　　　B. 指挥信息系统
   C. 信息作战系统　　　　　　　　D. 日常业务信息系统
   E. 嵌入式信息系统

3. 信息化弹药建设的主要内容包括各种(　　)。
   A. 制导炸弹　　B. 破甲弹　　C. 导弹　　D. 末敏弹药
   E. 原子弹

4. 正在发展中的典型新概念武器有(　　)。
   A. 定向能武器　　B. 动能武器　　C. 精确制导武器
   D. 末敏弹药　　　E. 电磁脉冲武器

三、填空题

1. 栅格化信息网络主要由＿＿＿＿、＿＿＿＿、＿＿＿＿、＿＿＿＿和运维支撑系统组成。

2. 从功能和应用的角度来看,信息作战系统主要由＿＿＿＿、＿＿＿＿、＿＿＿＿等构成。

3. 日常业务信息系统主要由通用＿＿＿＿和专用日常业务信息系统构成。

4. 从信息应用角度,信息基础技术类别主要包括＿＿＿＿、＿＿＿＿、信息应用技术、＿＿＿＿等。

四、简答题

1. 简述栅格化信息网络建设的主要内容。
2. 从系统体系角度,指挥信息系统主要由哪几类系统构成?
3. 简述指挥信息系统建设的主要内容。
4. 简述信息作战系统建设的主要内容。
5. 简述信息作战系统建设的发展方向。
6. 简述日常业务信息系统建设的发展方向。
7. 简述嵌入式信息系统建设的主要内容。
8. 简述信息化作战平台建设的主要内容。
9. 简述嵌入式信息系统建设的发展方向。
10. 简述新概念武器建设的主要内容。
11. 简述信息化体制编制建设重点。
12. 简述军队信息化人才培养重点。

第四章 军队信息化建设管理职能

军队信息化建设管理职能是军队信息化建设管理者在实施管理的过程中所体现出的具体功能与作用。任何管理都必须首先明确职能,只有职能明确才能有针对性地履行职责,推动管理工作科学开展。从管理活动的一般规律出发,军队信息化建设管理职能主要包括决策职能、组织职能、控制职能和协调职能。发挥这四种职能需要连续一致、协调统一,以保证军队信息化建设管理工作的顺利进行和目标的圆满完成。

第一节 军队信息化建设决策职能

决策职能,是军队信息化建设管理的首要职能,也是对管理绩效高低具有决定性意义的职能。决策的正确性和时效性,决定着军队信息化建设的目标与方向,关系着军队信息化建设质量与效益。从一定意义上讲,军队信息化建设管理过程就是一个不断作出决策和实现决策的过程。因此,必须把决策置于首要位置,并贯穿于全过程,以科学的决策机制和决策活动确保决策职能的有效履行。

一、军队信息化建设决策的内涵

(一) 决策的定义

所谓决策,是指组织或个人为了实现某种目标对未来一定时期内有关活动的方向、内容及方式的选择或调整过程[1]。从这个定义出发,军队信息建设决策是指军队信息化建设管理领导组织机构为了实现军队信息化建设目标,对未来一定时期内的信息化建设活动的方向、内容和方式的选择和调整过程。

正确理解概念应把握以下几点:一是决策要有明确的目标,没有目标的决策注定是盲目的;二是决策至少要有两个以上的备选方案,决策实质上是选择行动方案的过程;三是选择后的方案必须付诸实践,否则决策没有任何意义。

(二) 决策的要素

一个完整的决策活动通常有决策者、决策对象、决策信息、决策方案四个要素。只有同时具有前三个要素,才能进行军队信息化建设管理决策,决策方案是军队信息化建设管理决策的结果[2]。

---

[1] 周三多,陈传明,鲁明泓. 管理学——原理与方法[M]. 上海:复旦大学出版社,1999.
[2] 杨耀辉. 军队信息化建设管理概论[M]. 北京:解放军出版社,2015.

决策者，是军队信息化建设决策的主体，具体是指由军队信息化建设各级领导管理者构成的决策群体。建设实践表明，决策者的能力和水平的高低，直接决定决策活动的效益和成败，军队信息化建设决策也不例外。

军队信息化建设决策对象，是军队信息化建设决策的客体，是指军队信息化建设决策所要解决的问题，具体是指军队信息化建设各领域和各项具体问题的决策。军队信息化建设活动的多样性和复杂性，决定了军队信息化建设决策的对象分布广泛、层次众多、类型庞杂。

决策信息，是军队信息化建设决策的主要依据。没有信息，就不能进行决策；不掌握全面的信息，就难以正确决策。正确决策，通常需要掌握四种类型的信息：军队信息化建设的各种需求信息、体现上级信息化建设意图的指示信息，反映军队信息化建设现状的态势信息，以及支持决策的各方面知识信息等。

决策方案，是决策者依据各类信息对决策对象所确定的目标、重点、对策等规划或计划，是军队信息化建设决策的结果。在决策之前最好应形成两个或两个以上供选择的可行方案，且方案之间应有明显的区别，以便决策者根据具体情况做出战略判断和选择。

二、军队信息化建设决策的分类

从管理学角度，按照不同的划分标准，决策可以进行分类[①]。军队信息化建设决策属于管理活动，具有管理活动中决策职能的一般特性，可依照四种标准对其进行分类。

（一）战略决策、战术决策和业务决策

按决策的重要性分类，分为战略决策、战术决策和业务决策。

战略决策对组织最重要，它是指事关军队信息化建设整体兴衰成败、带有全局性、长远性的决策，如建设目标与方针的确定、组织机构的调整、重大项目的推进、关键技术研发等。这类决策具有长期性和方向性，主要由高层决策者制订。

战术决策又称管理决策，是在组织架构内部贯彻的决策，属于战略决策执行过程中的具体决策。战术决策旨在实现组织中各环节的高度协调和资源的合理使用，如军队信息化建设项目计划的制订、信息系统和信息化武器装备的创新、资金的筹措等都属于战术决策的范畴。可由中层决策者制订。

业务决策又称执行性决策，是为提高建设效率，合理组织各项具体建设活动等方面的决策，牵涉范围较窄，影响性较小。这类决策包括建设活动日常资源分配和检查、日程的安排和监督、岗位责任制的制订和执行、库存的控制以及材料的采购等。它主要由基层管理者负责进行。

（二）个人决策与集体决策

按照决策主体的不同，可以分为个人决策和集体决策。

个人决策是由信息化组织管理者凭借个人智慧、经验及所掌握的信息进行的决策，即

---

① 王端，杨喜梅. 管理学基础[M]. 北京：清华大学出版社，2011.

单个人做出的决策。个人决策的特点是速度快、效率高,适用于常规事务及紧迫问题的决策。个人决策的缺点是带有较强的主观性和片面性。

集体决策是指机构间多人一起做出的决策。集体决策的优点是能够集思广益,确保决策的正确性、有效性。缺点是决策过程和个人决策相比较复杂,耗费时间较多,易产生"群体思维,即指个人由于真实或臆想的来自集体的压力,在认知行动上不由自主地趋向于和其他人保持一致的现象"[①]。此外,集体决策还可能产生责任不明。

(三) 程序化决策与非程序化决策

按照决策是否重复,可分为程序化决策和非程序化决策。

程序化决策也称为"常规决策",是指针对重复出现的、日常信息化建设管理问题做出的决策。如管理者在网络机房管理工作中所遇到的设备故障、安全问题等。

非程序化决策也称为"非常规决策",是指决策的问题不是常出现的,找不到固定的模式去解决,要靠决策者做出判断来解决问题。如信息化组织架构调整、信息系统重大项目建设、新型信息化武器装备的研发都属于非程序化决策的范围。

(四) 确定型决策、风险决策与不确定型决策

按照决策问题所处条件不同,可分为确定型决策、风险决策与不确定型决策。

确定型决策是指在稳定(可控)条件下进行的决策。在确定型决策中,决策者确切知道决策所处的环境条件和每一个备选方案所产生的确定结果,最终选择哪个方案取决于对各个方案的直接比较。

风险型决策是指在随机条件下进行的决策。在风险型决策中,决策者不知道决策会产生哪种结果,但对于未来结果所产生的概率有一定掌握。

不确定型决策是指在不稳定条件下进行的决策。在不确定型决策中,决策者既不知道会产生哪种结果,也不能预测某种结果所产生的概率。

三、军队信息化建设决策的原则

军队信息化建设是我军面临的崭新课题,是适应新军事变革的必然选择,其全局性、技术性、根本性、长期性的特性,也对军队信息化建设决策提出了新的要求,决策要科学,必须遵循一定的原则。

(一) 满意原则

满意原则是针对"最优化"原则提出来的。"最优化"假设决策者是完全理性的人,决策是以"绝对的理性"为指导,按最优化准则行事的结果。对决策者来说,必须容易获得与决策有关的全部信息、真实了解全部信息的价值所在,并据此制定所有可能方案,准确预测到每个方案在未来的执行结果。但在现实中,上述条件往往得不到完全满足。决定了决策者难以作最优决策,而只能作出满意的决策。这里讲的"满意"决策,就是指能够满足目标要求的决策。

---

① 王端,杨喜梅. 管理学基础[M]. 北京:清华大学出版社,2011.

（二）科学决策原则

军队信息化建设决策是主观行为，决策者的经验、情感、意志、勇气、偏好以及价值准则等主观因素都会对决策产生不可低估的影响。因此，在军队信息化建设决策中，必须应用先进的科学思想、理论和技术手段为决策提供可靠的客观依据，降低决策风险，提高决策质量。

（三）系统思维原则

系统思维就是把认识对象作为系统，从系统和要素、要素和要素、系统和环境的相互联系、相互作用中综合地考察认识对象的一种思维方法。在军队信息化建设决策中贯彻系统思维原则，就是要把每个建设对象都当成系统来看待，注重把握系统的构成要素、结构和功能，注重协调系统内部的各种关系，注意解决好系统与其外部环境之间的各种冲突，尽量使军队信息化建设决策在大系统范围内获得最优，特别是要注重提高系统的整体性能，在必要时甚至可以牺牲局部性能达到整体优化。

四、军队信息化建设决策的程序

决策是包含从发现问题到确定解决问题方案所经历的过程，它是一项复杂的活动，有其自身的规律性，需要遵循一定的科学程序。在军队信息化建设决策活动中遵循科学的决策程序，有利于提高决策的成功率。军队信息化建设决策的程序主要包括发现问题、确定目标、拟定方案、选优决断、决策实施、反馈控制等步骤。

（一）发现问题

决策活动源于发现问题。如果不能及时、准确地发现问题，无论投入多大的精力，选择多么好的技术和方法，也只能使决策陷入盲目的境地。爱因斯坦曾说过，"发现一个问题往往比解决一个问题更为重要"。发现问题能力的强弱最能衡量决策者的素质和水平。

军队信息化建设问题可分为现实问题和发展问题。现实问题就是在军队信息化建设实践中总体建设状况或一些建设项目产生出或与目标方向不符、或与规划计划不符、或与质量标准不符、或与时间进度和任务要求不符等的矛盾问题。发展问题是在关系军队信息化建设长远发展的目标性、方向性、全局性等重大事项上，必须超前发现并予以解决的问题。

军队信息化建设所需决策的问题常常不能一目了然，需要决策者具有敏锐的视野和很强的战略思维，从错综复杂的各种矛盾冲突中发现问题，其基本途径是观察和思考。通常采取以下几种方法：从情况的突变中发现问题；从调查研究中发现问题；从贯彻上级指示精神中发现问题；从下级的反映中发现问题。

（二）确定目标

发现问题是为了解决问题，而要解决好问题，就必须确定一个解决问题的方向和标准，这就是决策目标。决策目标既是指引行动的向导，又是评价行动成功与否的尺度。

各级决策者在确定决策目标时,应依据我军信息化建设发展规划,结合本单位的信息化建设基础条件、使命任务和发展环境,提出科学合理的决策目标,不能过高也不能过低。过高的决策目标会使参与建设人员认为目标过于遥远,失去朝着目标持续行动的信心;过低的决策目标又使参与建设人员认为轻而易举即可达到,失去时不待我的使命感和责任感。

(三) 拟定方案

目标确定之后,需要有关部门拟定可供选择的决策方案。决策方案是保证目标得以实现的各项措施、办法或途径的汇集,方案的数量和质量将直接影响到决策的质量。

决策方案的内容与决策所要解决的问题有关,不同的决策问题,其决策方案的具体内容不同。一般来说,一个完整的决策方案通常需要回答"做什么""谁来做""怎么做"等问题。

拟制决策方案可以分成三个阶段。第一阶段,设想阶段。决策者要充分发扬民主,集中来自领导、专家和群众等各个方面的意见,通过头脑风暴的形式,大胆设想,鼓励产生各种观点,尽量扩大决策方案形成的基础,避免遗漏任何一个有价值的方案。第二阶段,综合阶段。决策者凭借自己的知识和经验,按决策方案的可靠性要求,对所提出的各种设想进行比较分析,淘汰不合理的设想,合并同类的设想,初步形成若干个预案。第三步,可行性论证阶段。为保证领导对所拟方案进行最佳选择,应组织人员对可供选择的每一个预案进行可行性论证,以淘汰不符合约束条件的预案,为优选决断提供依据。

(四) 选优决断

军队信息化建设选优决断是整个决策的关键一步,也是一项具有创新性的劳动。一是制定评价与选择的标准,按照满意原则,充分利用主客观条件进行最佳选择;二是运用科学的方法,对照标准评价分析全部备选方案;三是抉择最佳方案,选择的方法有经验判断法、数学分析法和试验法等。

(五) 决策实施

决策者在对决策方案做出决断之后,决策并没有终结,而必须把决策付诸实施,以争取最终满意的结果。决策实施就是把制定的决策落到实处的具体行动。不然,再好的决策也只是一纸空文。

(六) 反馈控制

在实施决策的过程中,还会出现一些新问题,决策者必须不断地搜集实施决策的有关信息,检查方案的效果。如果在实施决策的过程中没有达到预期的效果或目标,则必须及时加以修正。决策的实施过程就是目标的逐步实现过程。

第二节 军队信息化建设组织职能

一旦确立了信息化建设目标和方向、制定了明确的实施计划和步骤后,就必须通过组织职能为决策和计划的有效实施创造条件。组织职能是保证决策目标和计划有效落实的一种管理功能。有效地发挥组织职能,能使目标鲜明、指挥快速灵活、资源及时到位、关系联络通畅,人员指派明确,可以提高军队信息化建设效益和效率,顺利实现建设目标。

一、军队信息化建设组织的内涵

(一) 组织的定义

通常情况下,"组织"一词有两种解释:作为名词的(或静态的)组织是指人的集合体;作为动词的(或动态的)组织是指管理的一项重要职能。

从静态角度考虑,即指组织结构,军队信息化建设组织是反映人员、职位、任务以及他们之间的特定关系的网络。这个网络可以把分工的范围、程度、相互之间的协调配合关系、各自的任务和职责等用部门和层次的方式确定下来,成为组织架构体系。

从动态角度考虑,即指组织工作,军队信息化建设组织是对军队信息化建设各要素进行动态性的规划、组合和运用的过程,是贯穿于军队信息化建设全过程的职能活动。组织职能的主要任务使组织架构内的每个成员都能够接受领导、协调行动,从而产生新的整体职能。由于军队组织的特殊性,本章侧重与从动态角度理解组织概念。

(二) 组织的要素

共同的目标,目标是组织存在的前提,任何组织都是为了实现特定的目标,否则就不能称其为组织。军队信息化建设总目标是"建设信息化军队,打赢信息化战争",再往下根据任务要求细分各层次目标,如信息化人才队伍建设目标、信息化武器装备建设目标等。

人员和职务,这是组织的表象,明确军队信息化建设管理架构中人员的位置和职务。军队网络安全和信息化领导小组是我军信息化建设最高领导机构,担负确定信息化建设战略目标、研判信息化建设发展形势、决策信息化建设重大事项、处理跨领域跨部门的相互关系等职责。战区和军种网络安全和信息化领导小组是战区和军种实施网络安全和信息化建设活动的组织领导机构。

信息沟通,是组织存在的基础,信息沟通能够保证组织有效的运转。在信息化建设管理活动中,管理者决策时需要信息沟通;决策一旦作出,又需要信息沟通,以便在体系中传递,否则决策就难以得到贯彻和执行。信息化建设管理体系内部的意见、建议,也需要相互沟通,以促进体系有序地运转。

二、军队信息化建设组织的原则

军队信息化建设组织的目的是更好、更快地实现目标,在组织工作中,应根据目标统一、分工协作、集权与分权相结合、权责一致等原理,集约使用资源,提高组织效率。

(一) 目标统一

目标统一是指组织中不同部门或不同个体的共同贡献越是有利于实现组织目标,组织活动就越合理。组织的目的在于把人们所承担的所有任务组成一个有机体系,以便每个个体都能在组织架构中为实现总体目标而协调工作。在军队信息化建设组织过程中，组织职能的工作之一就是"统建设"，即通过强化规划计划统筹、项目立项审查、法规标准规范，使各领域信息化建设符合体系设计要求。应按总体目标的要求，把总体目标进行层层分解和细化，形成上下一致、前后衔接、左右协调的目标体系，最终落实到各级、各单位、各部门直至个人，来统一组织军队信息化建设各项活动。

（二）分工协作

分工协作原理是指部门、单位和个人的责权区分越合理，组织结构就越精干，组织活动的效能就越高。在军队信息化建设组织过程中，按照提高管理专业化程度和工作效率的要求，把各系统、各单位确定的总目标分解成所属单位和成员的具体目标与任务，使各部门、各成员明确各自在信息化建设中的准确定位和承担的职责。在具体的信息化建设活动中，围绕总体目标所指定的发展方向，各部门、各单位根据各自的分工，协调关系、主动作为、资源共享，在总体目标的框架下努力实现分目标、分任务，为实现总体目标打下基础。

（三）集权与分权相结合

集权与分权相结合原理是指集权与分权的关系处理得越适中，就越有利于组织的有效运行。随着我军信息化建设由全面发展的起始阶段过渡到深入发展的新阶段，总体技术水平提升，战斗力构成要素增加，各部门分工更加精细，迫切需要集中统一的指挥与管理，以利于加强各级、各系统、各单位的协调配合，更经济合理地利用各类资源。我军信息化建设涉及范围广，各系统、各领域、各地域的发展状况不一，集权的弹性差、适应性弱，极易导致组织的僵化，这就需要根据具体情况在局部实行有限的分权。军队信息化建设的领导和组织者应根据实际情况，妥善处理好集权与分权的关系。

（四）权责一致

权责一致原理是指职位的职权和职责越对等一致，各部门及其成员在具体活动中的建设行为就越有效。在军队信息化建设组织过程中，明确各个部门、各级部队以及重要信息化建设管理岗位的职级、职责和职权。从军队信息化建设的组织管理者角度看，在组织中应占据一定的职位，拥有相应的职务，才能名正言顺地履行职责，负起相应的责任，即职务、职责、职权三者对等，如同一个等边三角形一样构成稳定结构。

（五）稳定性和适应性相结合

稳定性和适应性相结合原理，是指组织关系在稳定性和适应性之间越趋于平衡，就越能保证组织活动的持续运行。在军队信息化建设组织过程中，军队信息化建设水平处于不断发展中，各类基础条件、外部环境、内部关系都在相对变化，此消彼长情况不断出现，这需要不断调整各要素的主次地位、优先顺序、资源配置等。与此相对应，过于频繁地进行调整，势必影响参与建设人员的态度和士气，需要按制定的政策规划、法规章程、操作规程、标准规范等，保持一定时期的稳定性，以便形成建设成果的积累和积淀。因此，需要在稳定性和适应性之间不断寻求平衡，保证组织架构的适应性，并利于组织目标的顺利实现。

三、军队信息化建设组织的过程

军队信息化建设组织是对各参与建设单位及其人员进行合理的分工和功能的划分，对各构成要素进行合理定位，对各建设资源进行科学配置，对各建设活动进行总体筹划的过程。

（一）理解决策

目标贯穿于整个组织过程中，决定关键性的管理职务和工作的安排。没有对目标的理解，管理者就无法组织实施。所以，让军队信息化建设所有参与人员理解一个共同目标的存在，是管理者的重要工作。军队信息化建设组织的目的就是实现决策目标，但在现实实践中，由于所处的层次地位不同，考虑问题的角度不同，对上级确定的目标的理解不一致，容易造成建设效果的差异。这就要求上级管理部门要通过政策宣传、法规解读、理论宣讲等手段，帮助广大官兵理解上级决策目标和意图。同时，下级管理部门要加强对上级指示、政策方针、规划计划、发展路线图等文件的学习，掌握其基本思想、基本理论和基本概念，理解其精神实质和本质内涵。

（二）选择结构

对目标和总体任务的理解和细化是结构选择的基本依据，在此基础上，具体确定出各项活动开展所需要设置的职务类别与数量，以及每个职务所拥有的职责权限和任职人员应具备的素质，依次配备各层次相关人员并确定职责和职权，形成不同的组织结构。结构形式不同，其功能特点不同，发挥作用各异。

军队信息化建设结构形式的选择除受信息化发展战略、信息技术支撑和安全环境等因素的制约，还受到体制编制、武器装备、军事理论、人才队伍等现实条件的影响。当前，军队形态面临整体转型，常设的组织管理机构如网络安全和信息化领导小组，非常设的组织管理机构如项目总师组、工程指导委员会等。随着信息技术在军事领域的广泛应用和深度融合，军队信息化建设管理将集中统一领导和分头组织实施有机结合起来，军队信息化建设管理体制将逐步融入军队建设领导管理体制中。

（三）设计工作

设计工作是组织过程中最具体最详细的部分，就是细致地划分建设任务，以及确定完成任务的主体、时间、方法、保障和措施等。设计工作可按三条主线进行：一是技术路线，即采用合适的技术完成建设任务，强调技术的推动作用；二是人本路线，即突出在具体工作的主体地位，强调人的主观能动性。设计工作的基本思路是将粗线条转换为细线条，将总任务转换为单位或个体任务；三是资源路线，即按所拥有的建设资源安排具体工作，强调资源的集约使用效应。在军队信息化建设过程中，建设管理人员进行工作设计，既要考虑先进信息技术对军事领域的冲击，高度重视前沿技术、关键技术的应用；又要考虑信息化建设人才队伍的数量规模、团队能力，以及个体人员知识、能力、素质、价值取向、心理信仰、工作士气等，将各类建设人员安排在恰当的岗位上，充分发挥联合作战指挥人才、信息化建设管理人才、信息技术专业人才和信息化武器装备操作和维护人才的潜力，形成攻坚克难的信息化建设人才队伍;还要考虑本单位的信息化建设所取得的基础条件,以及人才、技术、信息、资金等情况,区分轻重缓急,按部就班组织。总体上看,军队信息化建设中的设计工作,就是要瞄准总体目标,围绕发展战略,运用体系结构、路线图等方法,对具体建设活动作出科学筹划。

(四) 落实权责

在合理划分了部门,巧妙安排了工作之后,就要进行权责的落实,通过协商、教育,使全体组织成员理解目标,认清计划。同时,十分明确、具体地分配任务,授予权力、责任和利益范围。从而保证所有执行计划的人们各司其职,各尽其责,各得其益。这里必须强调一点:落实权责后,领导者并不是万事大吉,还必须给予下级正确的指导。对于执行过程中出现的各种情况明确应该怎么做,有条不紊地按计划行动。可以说,没有指导,就没有管理。

(五) 追踪评价

在军队信息化建设组织的一个重要环节,就是不断分析评价战略或目标与技术、环境的符合程度,发现不合理、不健全等问题,及时采取措施进行协调、改组,直至获得最佳组织。要知道,组织工作不是一次就干成的事,它是一个连续的或至少是个周期性的活动。这就要求深入实际,认真调查研究,及时掌握动态和信息,密切协调。减少内耗,减少摩擦,消除矛盾,调整关系,使大家步调一致,方向不偏,提高效率,朝着预定目标前进。

第三节 军队信息化建设控制职能

在军队信息化建设管理的整个过程中,控制是军队信息化建设管理过程中的一个重要阶段,控制活动发生在决策、组织活动之后,其基本作用就是保证决策计划顺利实施,以实现建设实体的既定目标。因此,当决策、组织等管理职能正常发挥作用的时候,实现建设实体目标的关键,则在于能否有效地发挥控制职能的作用,尤其在目前军队信息化建设日益复杂的活动中,控制职能显得更加突出。

一、军队信息化建设控制的内涵

控制的作用在于使建设活动相互协调、前后衔接地有序地进行,使资源集约使用、建设行为规范、目标顺利实现,其目的是确保不偏离计划,保障建设质量和效益。总体上看,军队信息化建设控制的作用主要是形成工作闭环。

(一) 控制的定义

军队信息化建设控制,是指军队信息化建设管理者为保证实际工作与计划一致,有效实现目标而采取的行动和过程。在广义上,控制与计划相对应,控制是除计划以外的所有保证计划实现的管理行为,包括组织、领导、监督、检查和调整等一系列环节。在狭义上,控制是继决策、计划、组织之后,按照计划标准衡量计划完成情况和纠正偏差,以确保计划目标实现的一系列活动。在军队信息化建设管理工作中,由于控制职能的存在,使各项管理职能在功能上构成一个完整的闭路系统,以实现有效的管理。

(二) 控制的要素

控制对象,即受控者,包括管理要素中的人、财、物、时间、信息等资源及其结构系统。控制主体,主要由三部分组成:偏差测量机构、决策机构和执行机构。它包括信息化建设管理领导者、组织监督机构,是能够根据控制对象出现的状态偏差而对控制对象施加影响,以保障其预定的稳定与平衡状态的主体。控制手段和工具,主要包括军队信息化建设管理法规、制度、技术、方法、工具等。

(三) 控制的作用

控制最根本的作用是能保证计划目标的实现。控制可以使复杂的组织活动能够协调一致、有序地运作,以增强军队信息化建设活动的有效性。其次,控制可以补充与完善初期制定的计划与目标,以有效减轻环境不确定性对建设活动的影响。如关键信息技术研发对建设项目的影响。此外,控制还可以进行实时纠正,避免和减少管理失误造成的损失。

二、军队信息化建设控制的类型

军队信息化建设管理中的控制手段可以在行动开始之前、进行之中或结束之后进行。第一种称为前馈控制(feedforward control);第二种称为同期控制(concurrent control);第三种称为反馈控制(feedback control)。如图4-1所示。

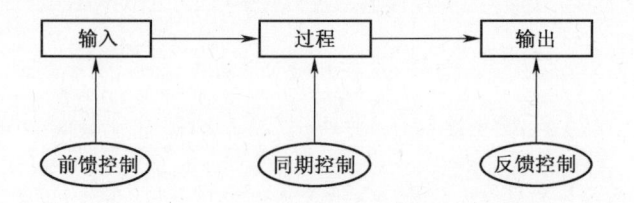

图 4-1 军队信息化建设控制的类型示意图

(一) 前馈控制

前馈控制也称预防控制,它发生在具体建设活动开始之前,是由未知的将来导向的。其特点是将注意力放在行动的输入端上,使得一开始就能将问题的隐患排除,即"防患于未然"。前馈控制是军队信息化建设管理者最渴望采取的控制类型,因为它能避免预期出现的问题。采用前馈控制的关键是要在实际问题发生之前就采取管理行动。

事实上前馈控制是一个非常复杂的系统,要进行有效可行的前馈控制,必须满足以下两个必要条件:一是必须对计划和控制系统进行透彻、仔细的分析,确定重要的输入变量;二是必须建立清晰的前馈控制的系统模型。

前馈控制是期望用来防止问题的发生而不是当出现问题时再补救。这种控制需要及时和准确的信息,而且需要对事物的发展走向有准确的预判,这些常常又是很难办到的。因此军队信息化建设管理者必须借助于另外两种类型的控制。

（二）同期控制

同期控制又称即时控制，从它的名称就可以看出，它是发生在具体军队信息化建设活动进行之中的控制，在活动进行之中予以控制，一旦发生偏差，就马上予以纠正。同期控制可以避免偏差或由其导致的损失扩大化，军队信息化建设管理者可以在发生重大损失之前及时纠正问题。

同期控制通常包括两项职能：一是技术性指导，即对下属的信息化建设工作方法和程序等进行指导；二是监督、确保下属完成任务。在同期控制中，由于需要军队信息化建设管理者即时完成包括比较、分析、纠正偏差等完整的控制工作，所以虽然控制的标准是计划工作确定的行动目标、政策、规范和制度等，但控制工作的效果更多地依赖于现场管理者的个人素质、作风、指导方式以及下属对这些指导的理解程度等因素，因此同期控制对管理者的要求较高。

最常见的同期控制方式是直接视察。当军队信息化建设管理者直接视察部队下属的行动时，管理者可以同时监督他们的实际工作，并在发生问题时马上进行纠正。军队信息化建设中运用同期控制，其重点在于缩短管理者的调控措施与行动执行者之间的延迟时间，这需要尽量压缩管理层级，提高决策效率，最大限度地利用管理信息系统的便捷高效提升效用。虽然思维与行动之间必然存在一定时间延迟，但同期控制仍然是加强军队信息化建设管理最常用的控制方式。

（三）反馈控制

反馈控制即事后控制。在许多情况下，反馈控制是唯一可用的控制手段，也是用得较多的控制手段。

与前馈控制和同期控制相比，反馈控制具有两个优点：一是反馈控制可为军队信息化建设管理者提供关于决策的效果究竟如何的真实信息。如果反馈显示标准与现实之间只有很小的偏差，说明决策的目标是达到了；如果偏差很大，管理者就应该利用这一信息使新决策方案制定得更有效。二是反馈控制可以增强下属的积极性。因为下属希望获得较高评价他们绩效的信息，而反馈正好提供了这样的信息。反馈控制的主要缺点在于：信息化建设管理者获得信息时损失已经造成了，这类似于"亡羊补牢"。

军队信息化建设是开创性的事业，在具体实施过程走弯路、交学费在所难免。与此同时，军队信息化也是我军实现跨越式赶超竞争对手的时代机遇，我军也处于机械化半机械化向信息化转型的后发地位，"前事不忘后事之师"，在发展过程中，全面研究外军经验教训，及时回头反思我军建设，展开反馈控制，是提高信息化建设效益的重要保证。外军在信息化建设过程中同样采用了反馈控制方式对建设活动进行调整，如中断"科曼奇"飞机的研制投入就是反馈控制的具体运用。

三、军队信息化建设控制的原则

加强军队信息化建设控制，是落实军队信息化建设决策的根本保证，是提高军队信息化建设科学性的一个重要环节。除了要遵循科学的控制程序、运用科学的控制方法之外，还必须遵循以下一些原则。

(一) 目标性原则

目标性原则就是将实现决策目标确定为控制管理的根本目的。一切控制管理,都必须服从目标的需要,必须为实现目标做出贡献。正如管理学家梅西曾经指出的:"有效的控制系统,并不是对目标的优良程度做出判断,而只是一种手段,使活动能够指向实际目标。"可见,作为达成目标的一种手段,控制管理要始终如一地以实现目标为目的。因此,判断控制管理是否为有效的最终准则,是看其是否真正有利于目标的实现。

(二) 灵活性原则

灵活性原则,是指控制工作必须具有灵活性,使控制的方式和手段要符合控制对象的性质、特点和发展变化情况,表现出较强的适应性。一般来讲,有效的控制应该是灵活的控制,具有弹性的计划有利于实现灵活的控制。掌握管理控制的灵活性原则,根据不同的工作任务和控制对象,灵活地选择控制方式,是做好控制工作的重要保证。

(三) 及时性原则

及时性原则,是指当军队信息化建设管理工作中发生偏差时,控制系统要能够及早地发现,并迅速作出反应,采取有效措施予以纠正。这一原则,反映了控制工作的效率。及时性原则要求各级军队信息化建设管理人员要特别注意信息反馈。通过对反馈信息的及时分析,发现问题,迅速解决,而不至于积聚成疾,给工作造成了损失,再去"年终算总账"。因此,它有利于防止管理工作中发生拖拉、懈怠现象,强化人们的效率观念。实时信息是实现实时控制的必要条件。

四、军队信息化建设控制的过程

军队信息化建设控制管理过程,一般包括三个既相对独立又相互联系的步骤,即确定控制标准、衡量工作成效和纠正偏差。

(一) 确定控制标准

控制标准是衡量建设活动是否与决策方案相一致的尺度。用控制标准进行管理控制,比较实用、方便,易于提高工作效率。确定控制标准,是管理控制过程的第一步,也是最关键、最重要的一步。

控制标准,准确而直观地反映了计划的阶段性和目标的要求,是计划目标质量和数量的集中表现。军队信息化建设管理人员只要掌握了这些控制标准,以此衡量组织活动的实际结果,也就掌握了计划的执行进展情况。

理想的控制标准来源于计划目标,从本质上来说,目标的质量指标和数量指标,就是最具体、最直接的控制标准。因此,了解计划目标的特点和要求,了解整体目标的分解过程,并在此基础上全面地研究目标的指标体系,是军队信息化建设管理人员把握和确定控制标准的核心工作。

(二) 衡量工作成效

衡量工作成效就是以控制标准为尺度,对军队信息化建设实际工作成果作出客观的评价。这是控制管理过程的第二步。

衡量工作成效的过程,也就是把执行军队信息化建设计划的实际结果与控制标准进行比较的过程。通过比较,检查计划在多大程度上得到实现,还存在什么问题,以获得偏离计划的偏差信息,进而分析偏差产生的原因,为采取适当的纠偏措施提供客观依据。

衡量工作成效,归根到底是要根据评价对象的性质和特点,采取定量与定性相结合的分析方法,对工作目标进行合理的分解,使其达到可以考核和测量评价的要求。要做到这一点,首先,必须获得真实地反映军队信息化建设工作实际结果的信息。一般是利用各类统计数据、报表资料,或以会议、汇报、实地调查等方式,力求对评价对象进行全面、本质的了解。其次,对通过各种渠道得来的原始信息进行综合分析,分门别类地对照控制标准的要求,逐一进行比较,找出实际结果与计划要求的偏差所在。在此基础上,根据组织的结构和各级管理人员的职责,进一步查明产生偏差的原因,其中包括对计划本身合理性的分析。有些计划指标不能实现或不能按计划的要求完成,不是属于计划执行上的错误,而是计划制定上的失误。

(三) 纠正偏差

找到了影响计划落实的原因后,就进入控制管理过程的第三步。这一步的主要工作就是采取必要的措施,纠正偏差,使军队信息化建设工作的进程重新纳入计划的轨道。

信息化建设过程中,各种因素交织在一起,产生偏差的原因比较复杂,为使纠正偏差的措施行之有效,至少应该做到两点。一是对产生偏差的原因进行具体分析并区别对待。例如,属于计划制定上的问题,要通过调整计划、修订目标指标的方式加以解决;属于下级执行中的不到位,应该通过指导、监督的方式加以纠正。二是要善于抓主要矛盾。导致偏差的因素往往是多方面的,在诸多因素中,必有起重要作用或决定作用的因素存在,抓住了这些因素,也就抓住了事物的主要矛盾,可以达到事半功倍的效果。

第四节 军队信息化建设协调职能

协调职能贯穿于军队信息化建设管理活动的整个过程,目的是理顺组织内外关系,消除不和谐、不平衡状态,加强各方合作,创造良好的工作环境,以便高效地实现建设目标。管理离不开协调,由于资源的有限性,对于军队信息化建设中心任务和重点领域的建设活动,需要保持和加强上下、左右、前后各个方面的沟通和联络,以及时调解各种矛盾或冲突,可见,协调能够保证军队信息化建设体系正常运作。

一、军队信息化建设协调的内涵

(一) 协调的定义

军队信息化建设协调是正确处理信息化建设体系内外部各种关系,为体系正常运作创造良好的条件和环境,促进建设目标的实现的过程。军队信息化建设体系是由人、财、物、技术、信息等要素共同构成的,建设活动要顺利运转,必须根据军队信息化建设目标,对各要素进行统筹安排和全面调度,使各要素间能够均衡配置,各环节相互衔接、相互促进。协调可以使两个或两个以上的单位(部门)及其人员配合恰当、步调一致,使各种关系呈现和谐、适应、互补、统一的状态。军队信息化建设领域广泛,从一定意义上来说,军队信息化建设管理的任务就是协调关系,起到"润滑剂"的作用。

(二) 协调的内容

军队信息化建设协调的内容包括内部关系的协调和外部关系的协调。

军队信息化建设活动要顺利地运转,必须根据建设总目标的要求,对内部各要素进行统筹安排和合理配置,并使各环节相互衔接、相互配合。在要素配置过程中,就产生了各种各样的关系,需要进行协调和沟通。如信息化建设和军队建设其他领域的协调,建设"双跨工程"过程中,在涉及如作战、情报、通信等各业务部门和领域的协调,以及信息化建设具体项目的人员、资源、资金等方面的协调。这些关系大多表现为部门与部门间的关系。

军队信息化建设是一个系统工程,既具有高度自主性,又有对外部环境的依存性。当前信息技术日新月异,外部信息环境变化大,为使军队信息化建设利益服从国家社会的整体利益,军队信息化建设组织机构在和外部环境的交互中,也需要进行充分的协调和沟通。如和政府层面的协调,主要包括政策层面的协调,如信息技术研发、应用,使军队信息化建设技术体系和国家体系一致和同步;和科教领域的协调,表现在人才培养和智力支持方面;与信息通信行业的协调,如技术、标准、产品等。

(三) 协调的特点

普遍性,协调活动存在于军队信息化管理活动中,存在于建设管理活动的全过程。联结性,协调工作总要涉及两个或两个以上的方面、要素或单元的关系,通过协调,让大家步调一致,为实现军队信息化建设共同目标努力。平衡性,平衡既包括各个方面在数量、质量上的一致,又包括各个要素的比例适当,合乎规律。变通性,在维持整体利益的前提下,协调对象的各方应作出相应的妥协或让步,以便问题能得到妥善地解决。

二、军队信息化建设协调的原则

军队信息化建设是一项宏大工程,关系十分复杂,协调管理的任务十分繁重,处理不好,就会直接影响军队信息化建设的进程和质量。协调既是信息化建设管理者的一项重要职责,也是一项常态化的工作。但是,军队信息化建设管理的协调也不是和稀泥,其实质是在总的目标和大局下,寻求各利益的平衡点,必须遵守以下的一些原则。

(一) 及时处理原则

及时处理原则就是在军队信息化建设实施过程中,遇到需协调的问题必须及时解决。因为军队信息化建设实施中矛盾和问题一旦出现,若不及时解决,往往会积少成多,积小成大,甚至无法正常解决,形成积重难返之势。

在军队信息化建设协调工作中贯彻及时处理原则:一是要求各级管理者养成雷厉风行的作风,遇到问题和矛盾要快速反应;二是要求提高管理者工作的预见性,在问题的萌芽状态就能及早关注,预先研究、预先思考,防患于未然。

(二) 统筹兼顾原则

统筹兼顾原则就是在军队信息化建设实施过程中要统一筹划、全面照顾。它是协调整体与局部、重点与非重点、当前利益与长远利益等关系时的一个基本准则。

在军队信息化建设协调工作中贯彻统筹兼顾原则：一是准确领会上级决策意图，全面系统把握领导决心和关注点；二是视野要宽阔、跳出小圈子，要站在推进信息化加速发展的大局上思考问题、筹划建设、指导工作；三是强化理论支撑，运用战略思维、辩证思维和比较思维方法，破解信息化建设中的重难点问题；四是在具体工作实施中要全面考虑，顾及军队信息化建设局部和个体的利益，以解决重大问题带动解决非重点问题，使当前工作为长远战略目标服务，克服急功近利以及行为的短期化倾向；五是围绕任务落实加强工作统筹。

(三) 求同存异原则

求同存异就是军队信息化建设管理者在进行协调时，在保证军令统一，保持政策的权威性和严肃性，保证目标一致性的前提下，允许各部门、各单位在管理上的灵活性和创造性。求同的目的在于寻找协调对象之间的共同点，以此作为协调的基础和出发点，从而谋求问题的解决。

在军队信息化建设协调工作中贯彻求同存异原则：一是要树立"成就别人就是成就自己的"理念，该坚持的原则就坚持，该让步的就让步，一切为军队信息化建设大局着想，谋大事，成大业；二是要注意求同不等于搞一种管理模式，更不是采取一刀切的办法解决问题，而是在追求管理整体效益的过程中，承认各方在利益、行为、思想方面的差异，使管理工作充满活力。

三、军队信息化建设协调的方法

军队信息化建设过程中涉及因素很多，上下关系、左右关系、内外关系、远近关系等错综交织，为了做好协调工作，就需要根据不同情况采取不同的协调方法。

(一) 会议协调

为了使军队信息化建设各单位各部门之间在思想观念、技术力量、财政力量等方面达到平衡，保证统一领导和力量的集中，使各部门在统一目标下自觉合作，必须经常开好各类协调会议，这是发挥集体力量、协调合作的重要方法。会议协调方法通常用在解决跨领域、跨部门等重大问题时，每次会议以解决一个主题为宜。

(二) 结构协调

结构协调就是通过调整军队信息化建设组织职能、完善职责分工和建立制度等方法来进行协调。其中主要解决两类问题，一是"协同型"问题，这是一种"三不管"的问题，就是有关的部门都有责任，又都不能负全部责任，需要有关部门通过分工和协作关系的明确共同努力完成。二是"传递型"问题，这是在军队信息化建设过程中的业务流程问题，某项工作需要多个部门有机衔接、连续动作才能完成，但由于结构性原因，而这些部门之间又没有隶属关系、指导关系,协调较为复杂或是还没有建立协调机制,需要把问题给某个关系最为密切的部门去解决。结构协调方法通常涉及军队体制编制,这实际上给结构协调方法的运用造成了一定影响,因此,在实际的建设管理过程中,通常采用的办法是设立临时性机构主责某项事物的协调。

(三) 分工协调

协作以分工为前提,分工合理才易于组织良好地协作。所谓分工协作,就是要合理分工,用规章制度把分工协作关系相对地稳定下来并严格地贯彻执行,明确每个部门、单位和岗位的本职工作,并对"结合部"所担负工作职责进行明确。军队信息化建设管理各部门、单位、岗位和个人,不仅自己要熟悉本职任务、职责和权限,还要让更多的人知道信息化建设各项工作的目标指向、办事流程、职权区分等,以便相互支持、促进和监督,减少矛盾、冲突及协作的工作量。需要注意的是,无论分工如何合理,责权如何明确,制度如何详尽,总是不可能将实际运行中的一切问题都囊括进去,必将出现多种新情况和多个新问题,这就要求分工协调根据具体情况进行不断的调整,且牢记不能将临时处置当作经常性解决办法,该恢复原状应及时恢复到原固有状态。

(四) 现场协调

现场协调是把有关人员带到问题的现场,请每个当事人讲述产生问题的原因和解决问题的办法,同时允许有关部门提要求,使每个当事人都有一种"压力感",感到本部门确实需要为共同目标做出应有的努力;也增加其他部门的感情认同,愿意"帮一把",这样有利于统一认识,使问题尽快解决。现场协调是一种快速有效的协调方式,但在信息化建设实践中,通常需要有比当事人职位、级别、权威高的"重量级人物",才能保证问题在现场能够协调解决。

作 业 题

一、单项选择题

1. 军队信息化建设管理活动中,军队信息化建设管理的首要职能是(   )。
A. 决策　　　　　B. 组织　　　　　C. 控制　　　　　D. 协调

2. 军队信息化建设管理活动中,通过构建关系结构,把内部人员分工、任务和职责明确的职能是(   )。
A. 决策　　　　　B. 组织　　　　　C. 控制　　　　　D. 协调

3. 军队信息化建设管理活动中,确保实际工作与计划一致,以实现既定目标的职能是(   )。
A. 决策　　　　　B. 组织　　　　　C. 控制　　　　　D. 协调

4. 军队信息化建设管理活动中,处理信息化建设体系内外部关系,为体系正常运作创造良好的条件和环境的职能是(   )。

A. 决策　　　　　B. 组织　　　　　C. 控制　　　　　D. 协调

二、多项选择题

1. 按决策的重要性分类,决策可分为(　　)。
   A. 战略决策　　　B. 战术决策　　　C. 业务决策
   D. 个人决策　　　E. 集体决策
2. 按照决策主体的不同,决策可分为(　　)。
   A. 战略决策　　　B. 战术决策　　　C. 业务决策
   D. 个人决策　　　E. 集体决策
3. 按照决策问题所处条件不同,决策可分为(　　)。
   A. 确定型决策　　B. 风险决策　　　C. 业务决策
   D. 不确定型　　　E. 集体决策
4. 按照决策是否重复,决策可分为(　　)。
   A. 确定型决策　　B. 风险决策　　　C. 程序化决策
   D. 不确定型　　　E. 非程序化决策

三、填空题

1. 军队信息化建设控制的要素包括控制对象、_____和_____。
2. 军队信息化建设控制的类型包括前馈控制、_____和_____。
3. 军队信息化建设协调包括_____关系和_____关系的协调。

四、简答题

1. 简述军队信息化建设决策的基本程序。
2. 简述军队信息化建设组织的基本过程。
3. 简述军队信息化建设控制的基本过程。
4. 简述军队信息化建设协调的基本方法。

第五章 军队信息化建设管理关键环节

军队信息化建设关键环节,是对军队信息化建设具有重要作用的关键节点,主要包括军队信息化建设规划计划、军队信息化建设项目管理和军队信息化建设评估。其中,军队信息化建设规划计划,是通过科学制定、有效实施、适度调整信息化规划计划,确保实现信息化建设预期目标,为从思维到行动提供必然准备。军队信息化建设项目管理,是基于对信息化建设项目整个生命周期的管理,实现统筹建设活动、调配建设资源,提高建设效益,减小建设风险。军队信息化建设评估,是对军队信息化建设情况的评价和估量,用于全面、客观、系统地了解军队信息化建设水平、效益及存在问题,为下一步对策提供依据和参考。

第一节 军队信息化建设规划计划

军队信息化建设规划计划,是进行信息化整体建设时首先要完成的工作,对军队信息化建设的整体布局和有效展开具有决定意义。规划计划的合理性和科学性,决定着军队信息化建设的目标与方向,关系着军队信息化建设的质量与效益。

一、军队信息化建设规划计划的内涵

军队信息化建设规划计划是围绕实现信息化建设目标,所展开的谋划发展战略、设计内容架构、调配建设资源、制定行动计划等一系列活动。拟制军队信息化建设规划计划的作用是:明确建设目标和任务,为发展提供方向和指南;识别关键因素,确立信息化工作突破口;设计整体架构,优化整合建设管理全局;促进信息化工作合理、有序、协调发展。

做好军队信息化建设规划计划应抓住以下四个方面:军队信息化建设规划计划的主体是由相关领导和团队组成的结合体;军队信息化建设规划计划的目的是为了又好又快地实现信息化建设目标;军队信息化建设规划计划涉及战略、架构、资源和计划四个层面;军队信息化建设规划计划的落脚点是行动执行,可操作性是其内在要求。

(一) 军队信息化建设目标定位

目标定位是规划计划的基点和起点,它决定着军队信息化建设的使命任务、发展目标和建设重点,也决定着军队信息化建设的总体战略。美国著名管理学家德鲁克(Drucker)指出,"做正确的事要远比正确地做事重要。"

军队信息化建设是军队现代化建设的时代主题内容,是军队建设的重要组成部分。当前,军队信息化建设要以"建设信息化军队、打赢信息化局部战争"的总目标,聚焦于"能打仗、打胜仗"的强军目标,展开各项工作内容。军队信息化建设目标定位要依据国

家安全战略和军事战略，充分考虑部队现实需求，结合军队信息化建设现状，将所有建设活动协调统一起来，优化建设流程，保持技术先进，提高建设质量。

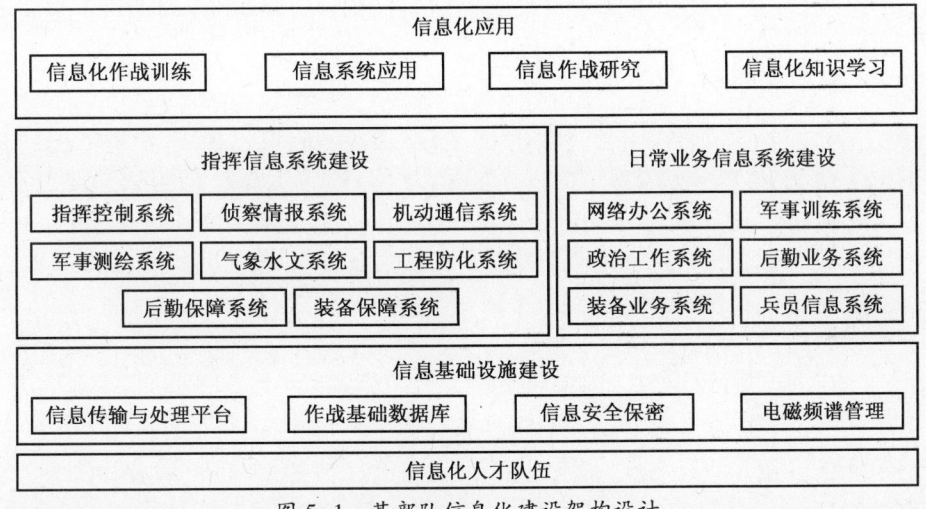

（二）军队信息化建设架构设计

信息化建设架构是由不同层面要素以科学方式组成形成的完整体系。军队信息化建设架构设计，主要是应对军队信息化建设主要内容进行的整体设计，重点关注的是内容间的相互关系，利用架构突出当前或现阶段的主要及紧迫建设内容，或理清军队信息化建设究竟需要建什么。制定军队信息化建设架构，将从源头上防止和杜绝信息化建设进程的随意性，使分领域建设融合发展，各项工作协调实施，体系构建上下同步推进。如军队改革提出军事人员是现代化作系中最具活力、支配力和变革力的主体要素，其他要素的实现程度都有赖于主体要素的发挥。因此，它是军队信息化建设的基础，而把信息基础设施当成支撑性内容，把指挥信息系统、日常业务信息系统分解成各个应用系统建设任务，把信息化知识学习、信息化作战训练等当成是信息化建设成果的应用和战斗力提升的桥梁。某部队信息化建设架构如图5-1所示。

图5-1 某部队信息化建设架构设计

（三）军队信息化建设资源调配

信息化建设资源包括组织、人员、信息、网络、电磁频谱、资金等资源，资源调配是依据信息化建设项目落实需要组织安排资源使用。其中组织、人员是信息化建设规划计划的人力资源分析，信息、网络、电磁频谱是信息化建设规划计划的物资安排，资金是信息化建设规划计划的资金安排。科学、合理、有效、预测性地调配信息化建设资源，是信息化建设规划计划必须重视的内容。

信息化建设资源调配可从三个方面入手：项目立项审核、重大项目管理、信息化基础资源集中管控。项目立项审核方面，通过建设项目本级横向项目立项，达成建设资源单位内总体统筹；重大项目管理方面，将重大项目建设上升为上级信息化规划计划、专项规划或区域规划，集中资源开展建设；信息化基础资源集中管控方面，通过科学调控网络、软件、数据、频谱和经费资源，把各项资源"统"到同一目标下。

(四) 军队信息化规划计划拟制

到目前为止，我军拟制并颁发的信息化建设规划计划，主要有发展战略、规划纲要、发展路线图、五年规划等综合性规划，领域建设规划、领域建设构想、专项建设规划、实施计划等单项性规划计划，以及建设方案、实施方案、工作计划等。拟制军队信息化建设规划计划是落实军队信息化发展战略，通过规划计划的形式明确军队信息化建设的具体内容、方法步骤、对策措施等。

规划计划的内容主要包括基本判断、指导思想和方针、战略目标、战略重点、主要任务、对策措施六个要素。基本判断，是对信息化建设发展基本趋势的判断，是对当前的发展成效、存在不足、深层原因，及与该规划计划相关联领域的发展趋势等进行的总体定位，它是制定规划计划的起点，为明确规划计划的基本发展方向提供判断依据。指导思想，是指导信息化建设全局的基本观点。战略目标，是建设发展所要达成的预期目的和结果，是对未来建设发展方向的预期和定位。战略重点，是关系建设发展全局的优先发展领域和主要任务。主要任务，是为实现战略目标而具体化的工作，包括总体任务和具体任务。对策措施，是为了达成信息化建设战略目标而采用的具体方式和方法。

二、军队信息化建设规划计划的程序

军队信息化建设规划计划是一项复杂的工程，其繁琐的组织程序、繁多的反复工作以及繁杂的关系协调，使整个过程极易陷入"时间黑洞"，导致规划计划要么仓促出手、要么迟缓滞后。军队信息化建设规划计划应该是一个"从现实中来到现实中去"的过程，其工作起点是军队信息化建设现状分析，落脚点是相关具体工作展开的组织准备。本着精简程序、集约工作、科学合理的原则，编制军队信息化建设规划计划应按任务理解、现状分析、需求分析、战略定位、拟制计划和组织准备几个步骤展开。

(一) 理解军队信息化建设任务

理解军队信息化建设任务，主要包括传达顶层设计精神，宣贯上级建设意图，理解上级工作安排的原由，以及认识建设任务在战斗力生成中地位作用等。简单的说，就是使各级各单位要明确信息化建设应当建什么、为什么建、建了有什么用、不建会有什么影响、要建成什么样子、建成后怎么形成战斗力等各个方面的问题。

(二) 分析军队信息化建设现状

分析军队信息化建设现状，主要是针对军队信息化建设主题涉及的建设现状、发展趋势、支撑环境等进行分析，以确定发展需求。现状分析通常应采取定性与定量相结合的方法，把信息化建设需求以明确的指标表达出来，并将现实情况与未来需求做出对比。

军队信息化建设现状调研具有明显的目的性、求实性、综合性和统计性等特征。目的性体现在现状调研都是为了达到某种军事目的，围绕某个主题而实施的；求实性体现在实事求是地反映客观对象的实际情况；综合性体现在现状调研的过程，是一个读、问、看、听、想多位一体的连贯过程；统计性体现在现状调研必须对浩繁的数据进行科学的处理才能得到实际的使用价值。

军队信息化建设的现状调研活动,通常包括明确调研任务、选择调研方法、拟定调研提纲、实施调研活动、提出调研报告几个环节。明确调研任务是在军队信息化现状调研之前,首先要明确调研的主要任务是什么。选择调研方法是在能够达到调研目的的前提下,如何选择省钱、省时、省力的方法。拟定调研提纲是使调研人员按预定目标、预定主题、预定计划展开工作。实施调研活动,必须深入军队一线、贴近广大官兵。提交调研报告,是将所得的各类信息加以系统的整理和分析研究,真实地、准确地表达调查的结果和研究的结果。

(三) 论证军队信息化建设需求

军事需求是指特定主体为完成某一军事任务或达成既定军事目的,在一定时期和范围内,针对特定对象提出的有关军事属性、功能、能力或相应条件的要求。军队信息化建设需求论证是在领会意图、汇总需求、搞清现状的基础上,针对计划期内信息化建设的主要矛盾,研究论证发展重点,提出措施办法。

目前,军队信息化建设需求论证的内容包括信息系统需求、信息化主战武器装备需求和信息资源需求三个方面。确定军队信息化建设需求需要注意的问题,包括合理确定发展预期、科学认识军队现状、综合判断保障条件三个方面。合理确定发展预期要力求恰当;科学认识军队现状要认清进一步发展的现实基础,找出影响发展的现存障碍。综合判断保障条件包括经费保障,技术标准保障,人才保障等内容。

确定信息化建设需求的过程,是由"使命任务—能力需求—建设需求"螺旋上升的进程。具体是指,战争条件变化对军队信息化建设提出新的使命任务,使命任务的调整进而要求发展相应的作战能力,而现有作战能力的不足更进一步促发建设活动,这就是建设需求。

以我军栅格化信息网络建设需求为例说明如下:

第一步,确定栅格化信息网络的总体发展目标是"智能高速、广域覆盖,统一承载、网系互联,服务共用、资源共享,系统自主、安全可控"。

第二步,对栅格化信息网络的作战能力进行分解,包括"基础传输能力、随遇接入能力、按需服务能力、安全可控能力、运维管理能力"。

第三步,对栅格化信息网络作战能力进行具体化分解。如将基础传输能力进一步分解为"宽带传输能力、抗毁顽存能力、综合接入能力",并进行具体量化指标的确定。

第四步,依据能力要求,栅格化信息网络进行总体设计。即栅格网络由基础传输层、网络承载层、信息服务层、安全保障系统和运维支撑系统组成(简称"三层两系统")。

第五步,对栅格化信息网络的各个构成部分进行具体设计。如将基础传输层设计为由基础传输层由光缆网、天基信息传输系统、卫星、短波、移动、集群、数据链等无线固定接入设施组成。

第六步,根据第五步设计的各个组成部分进行现状分析,确定建设项目和重点任务。这是一个典型的"总—分—总—分"的"从系统到要素、从要素再到系统"的过程。如图5-2所示。

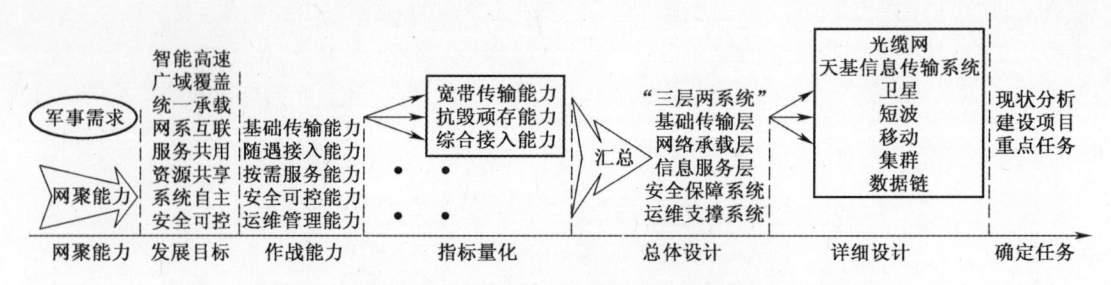

图 5-2 使命任务—作战需求—建设需求和架构设计的联系

(四) 拟制军队信息化建设规划计划

制定军队信息化建设规划计划,是一项集各领域专家、领导、基层的智慧于一体的过程。主要工作包括可行性论证、形成制定决议、建立研究体系、研究规划、起草规划计划。可行性论证主要是对规划计划的重要性、可能性和必要性进行系统的分析。形成制定决议,通常情况下,由军队最高首长出面,形成决议。建立研究体系,应包含规划计划总体组、规划计划起草组,由规划主管部门负责组织与协调工作。研究规划计划的重点是理清在信息化过程中的战略需求,提取若干科学问题与关键技术问题,从军队现实情况与作战需求出发设计相应的发展规划。起草规划计划,根据规划研究专家提供的研究报告,进行系统分析,综合集成,形成规划草案。对规划计划草案,由规划计划制定的主管部门,组织不同层次的交流研讨和评议。各研究组和规划计划草案起草组,根据反馈意见,认真进行修改和完善。在规划形成初稿后,由课题组以书面形式向主管部门提出审议案,主管部门对其进行研讨、评议、修改完善、签发。规划计划一经下发,就有一定的法规效益。

三、军队信息化建设规划计划的方法

在进行军队信息化规划计划时用到的方法比较多,这里重点介绍用于内外部环境分析的 SWOT 分析法,用于任务、项目和时间安排的甘特图,用于分析描述原因的鱼骨图,以及综合评价时所应用的雷达图。

(一) SWOT 分析法

1. 基本概念

SWOT 分析法又称为态势分析法,是一种能够较客观而准确地分析和研究现实,从而确定战略定位或目标定位的方法。SWOT 四个英文字母分别代表:优势(Strengths)、劣势(Weaknesses)、机会(Opportunities)、威胁(Threats)。构成要素如图 5-3 所示。SWOT 分析实际上就是根据这四个要素对所处的环境和形势进行深入分析,认识、掌握、利用和发挥有利条件和机遇,控制和化解不利因素和威胁,形成独特的竞争力,以获取竞争优势。

从整体上看,SWOT 分析可以分为两部分:第一部分为 SW,主要用来分析内部条件,着眼于分析对象自身的实力及其与竞争对手的比较;第二部分为 OT,主要用来分析外部条件,机会和威胁分析将注意力放在外部环境的变化及对分析对象的可能影响上。将调查得出的各种因素根据轻重缓急或影响程度等排序方式,构造 SWOT 矩阵。在完成环境因素分析和 SWOT 矩阵的构造后,便可以制定出相应的行动计划。制定计划的基本思路是:发挥优势因素,克服弱点因素,利用机会因素,化解威胁因素;考虑过去,立足当前,着眼未来。

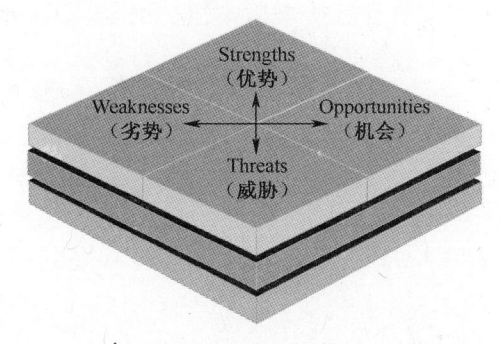

图 5-3　SWOT 分析方法的构成要素

2. 分析步骤

利用 SWOT 分析法,对军队外部和内部的环境分析,可以列出影响军队发展的优势 SWOT 矩阵,从而摸清自己的家底,明确自己的特色,把握军队在信息化建设体系中的定位。SWOT 分析步骤图 5-4 所示。

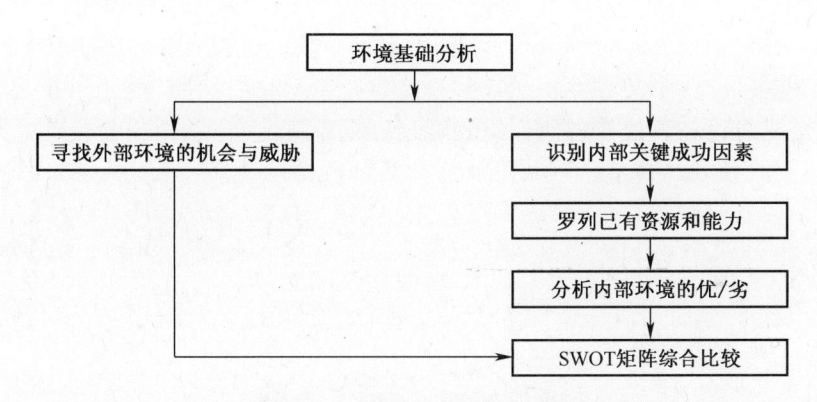

图 5-4　SWOT 方法的分析步骤

第一步,外部环境分析,即分析列出外部环境中存在的发展机会(O)和威胁(T)。

第二步,内部环境分析,即分析列出部队目前所具有的优势(S)和劣势(W)。

第三步,绘制 SWOT 矩阵。绘制二维矩阵(表 5-1),以外部环境中的机会和威胁为 X 方,内部环境中的优势和劣势为 Y 方。其中,有四个象限或四种 SWOT 组合,分别是 SO 组合、ST 组合、WO 组合和 WT 组合。

表 5-1　SWOT 矩阵图

	机会(O)	威胁(T)
优势(S)	SO 组合方案	ST 组合方案
劣势(W)	WO 组合方案	WT 组合方案

第四步,进行组合分析,即对 SO、ST、WO、WT 策略进行甄别和选择,确定目前应该采取的具体战略与策略。对于每一种外部环境与内部条件的组合,组织可能采取的一些策略原则是:

优势-机会(SO)组合,要求凭借内部优势最大限度地利用外部机会;

长处-威胁(ST)组合,要求利用自身的长处来应对外部环境中的威胁;

劣势-机会(WO)组合,要求通过最大限度地利用外部环境中的机会来弥补内在劣势;

劣势-威胁(WT)组合,要求在制定战略时就要减低威胁和劣势对军队的影响。

需要指出的是,在进行组合时,需要考虑多种情况进行多个要素匹配。以优势-机会(SO)组合为例,通过分析鉴别出 5 条优势(S_1、S_2、S_3、S_4、S_5)和 5 个机会(O_1、O_2、O_3、O_4、O_5),根据情况它们之间可以形成多种匹配关系。如果只考虑 S_1 这一项,假设可以列出 S_1O_1、S_1O_2、$S_1O_1O_2O_3$;考虑 S_2 这一项,组合为 S_2O_2;考虑 S_3 这一项,又可能会有 S_3O_2、$S_3O_4O_5$ 组合。依次类推,需要列出所有可能的组合关系,便于全面掌握情况。

SWOT 方法不仅有助于分析环境,它还促使研究者全盘考虑战略,以应对不断变化的竞争环境。此外,它还可以用来有效评估组织的核心能力、竞争力和资源,因此应用范围广泛。

(二) 甘特图

1. 基本概念

甘特图又称横道图,或者条状图,在 1917 年由亨利·甘特开发,它是以图示的方式通过活动列表和时间刻度形象地表示出任何特定项目的活动顺序与持续时间的方法。作为一个用条形图表进度的标志系统,甘特图的基本表达形式是一个线条图,横轴表示时间,纵轴表示项目,线条表示在整个期间上计划和实际的活动完成情况。它可直观地表明任务计划在什么时候进行,以及实际进展与计划要求的对比,由此,管理者便可弄清项目进程,如一项任务(项目)还剩下哪些工作要做,工作是提前还是滞后,亦或正常进行。用 Visio 等作图软件可以直接做出某单位信息系统运用集训计划,如图 5-5 所示。

ID	任务名称	开始时间	完成	持续时间	2019年01月 6 7 8 9 10 11 12 13 14 15 16 17 18 19
1	集训计划拟制	2019/1/6	2019/1/7	2天	
2	集训备课试讲	2019/1/7	2019/1/11	5天	
3	系统部署测试	2019/1/6	2019/1/9	4天	
4	集训实施	2019/1/12	2019/1/19	8天	
5	集训保障	2019/1/6	2019/1/9	14天	

图 5-5 部队信息系统运用集训计划甘特图

2. 特点与应用

甘特图的优点是图形化概要,易于理解,局限是仅仅部分地反映了管理的三重约束,即时间、成本和范围,难以实现复杂性控制。

甘特图可用于工作分解的任何层次,而时间单位则可以从年到日甚至到小时。甘特图的应用之一是计划制作。即通过代表工作包的条形图在时间坐标轴上的点位和跨度来直观反映工作包各有关时间参数;通过条形图的不同图像特征(如空心条、实心条等)来反映工作包或项目的不同状态(如反映时差、计划或实施中的进度)。通过用带箭头的线来反映工作包与其他工作或项目与其他项目之间的逻辑关系①。甘特图的另一作用是进度控制。其工作原理是将现场实际进展情况以条形图形式在同一个项目的进度计划横道图中,以此来只直观清楚第对比实际进度和计划进度之间的差距,并作为控制计划制定的依据。

3. 绘制步骤

第一步,明确项目牵涉到的各项活动、子项目。内容包括项目名称(包括顺序)、开始时间、工期、任务类型和依赖于哪一项任务。

第二步,创建甘特图草图。将所有的项目按照开始时间、工期标注到甘特图上。

第三步,确定项目活动依赖关系及时序进度。使用草图,并且按照项目的类型将项目联系起来,进行安排。此步骤将保证在未来计划有所调整的情况下,各项活动仍然能够按照正确的时序进行。也就是确保所有依赖性活动能并且只能在决定性活动完成之后按计划展开,同时避免关键性路径过长。关键性路径是由贯穿项目始终的关键性任务所决定的,它既表示了项目的最长耗时,也表示了完成项目的最短可能时间。关键性路径会由于单项活动进度的提前或延期而发生变化,而且要注意不要滥用项目资源,同时,对于进度表上的不可预知事件要安排适当的富裕时间。

第四步,计算单项活动任务的工时量。

第五步,确定活动任务的执行人员及适时按需调整工时。

第六步,计算整个项目时间。

(三) 鱼骨图

1. 基本概念

鱼骨图也称因果关系图,是在工作中寻找关键问题或结果产生原因的一种图示方法,它揭示了产生某一问题或结果所涉及的各种因素之间的关系,有助于帮助我们理清思路,明确所面临的问题,问题在解决过程中所处的位置②。通常的做法是,鱼骨图把已经发生的问题(结果)和造成问题(结果)的原因联系起来分析,如表5-2所列。

表5-2 问题(结果)和造成问题的原因之间的关系

干线	某个问题	
分线	主要原因	分线问题是造成干线问题的原因
支线	中原因	支线问题是造成分线问题的原因
细线	小原因	细线问题是造成支线问题的原因

2. 主要类型

在实际运用中鱼骨图有三种类型:整理问题型鱼骨图、原因型鱼骨图、对策型鱼骨图。整理问题型鱼骨图,其特点是各要素与特性值间不存在原因关系,而是结构构成关系。原因型鱼骨图,其特点是鱼头在右,特性值通常以"为什么……"来写,如图5-6所示。对策

---

① 沈建明. 中国国防项目管理知识体系[M]. 北京:国防工业出版社,2006.
② 段绍译,唐杨松. 高效能人士的36个工具[M]. 北京:机械工业出版社,2017.

型鱼骨图,其特点是鱼头在左,特性值通常以"如何提高/改善……"来写。其中原因型鱼骨图最常用,在绘图软件 Visio 中可以用因果图模板绘制。

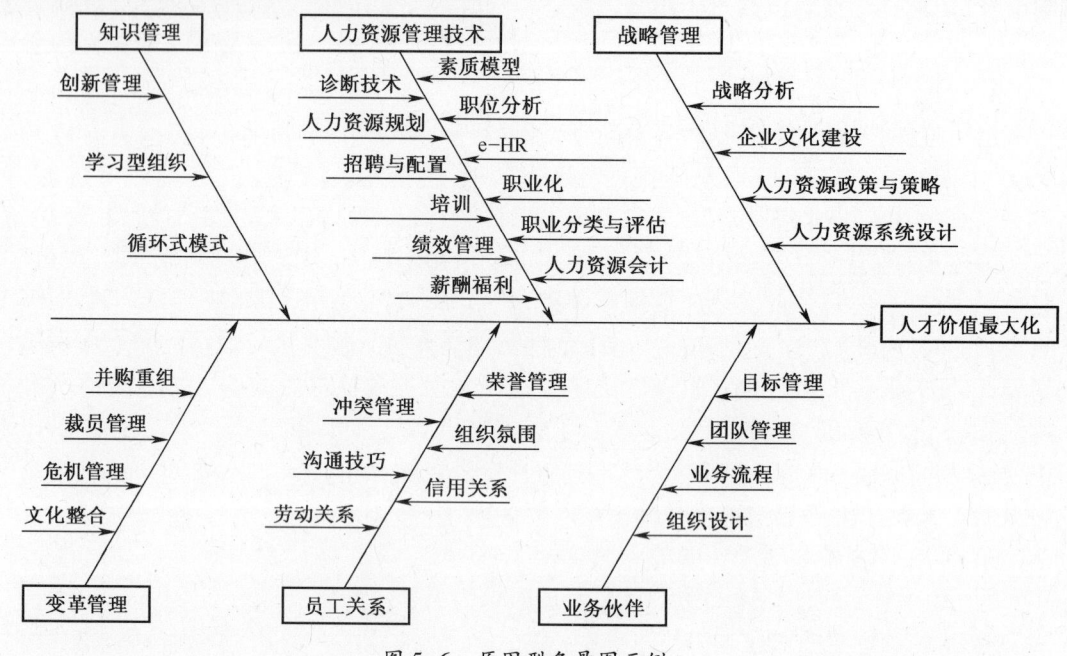

图 5-6 原因型鱼骨图示例

3. 绘制步骤

第一步,分析问题的原因和结构。

内容包括:①针对问题点,选择划分层别的方法;②分别对各层别类别找出所有可能原因(因素);③将找出的各要素进行归类、整理,明确其从属关系;④分析选取重要因素,检查各要素的描述方法,确保语言简明、意思明确。

分析问题的原因和结构的要点为:①确定大要因(大骨)时,如果是作业,一般从"人机料法环"(人员、机器、原料、方法、环境)着手,如果是管理类问题,一般从"人事时地物"着手,应视具体情况决定;②大要因必须用中性词描述,即不说明好坏,中、小要因必须使用价值判断;③应尽可能多而全地找出所有可能原因,而不仅限于自己能完全掌控或正在执行的内容,对人的原因,宜从行动而非思想态度层面着手分析;④中要因跟特性值、小要因跟中要因有直接的原因与问题关系,小要因应分析至可以直接作出对策;⑤如果某种原因可同时归属于两种或两种以上因素,请以关联性最强者为准;⑥选取重要原因时,不要超过 7 项,且应标识在最末端原因。

第二步,绘制鱼骨图。包括:①填写鱼头(按为什么不好的方式描述),画出主骨;②画出大骨,填写大要因;③画出中骨、小骨,填写中小要因;④用特殊符号标识重要因素。绘图时,应保证大骨与主骨成大约 60°夹角,中骨与主骨平行。

(四) 雷达图

1. 基本概念

雷达图又可称为戴布拉图、蜘蛛网图,主要用于同时对多个指标的对比分析和对同一个指标在不同时期的变化进行分析,是提供规划计划决策判断依据的方法之一。雷达图分为典型的图形分析方法和雷达图综合评价方法。典型的图形分析方法主要通过先绘制各评价对象的雷达图,将其用于综合评价,由评价者对照各类典型的雷达图,通过观察给出定性评价结果。某部队信息化评价雷达图如图5-7所示。优点是直观、形象、易于操作;缺点是当评价的对象较多时,很难给出综合评价的排序结果。雷达图综合评价方法是对雷达图直观综合评价方法数量化,是一种图形和数量相结合的评价方法。

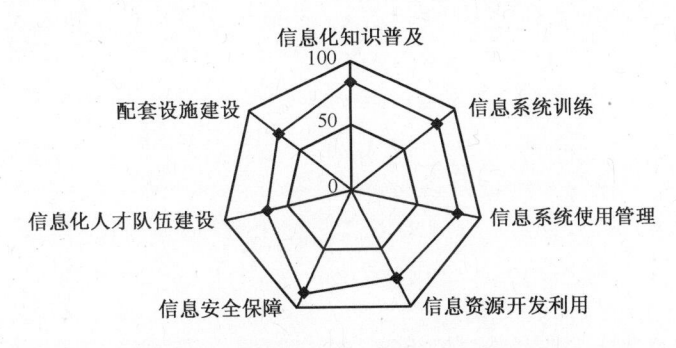

图 5-7　某部队信息化建设评估雷达图

2. 绘制步骤

第一步,划分评价指标象限。用评价指标体系对整个圆周作 n 等分,得到 n 个坐标轴,每个坐标轴代表该体系的第 n 个指标。

第二步,确定评价对象的等级水平。确定 m 个等级的数值,围绕原点由里到外的各层同心圆分别代表不同的评价对象的等级水平。

第三步,连接射线段,产生雷达图。将多个指标数值标记到相应坐标轴上,连接各个坐标点,围成的不规则图形直观地反映评价对象的整体分布、优劣态势。

雷达图把比较重要的项目或者因素集中画在一个圆形的表上,来表现一个对象或者一个系统的情况,使用者能一目了然地了解对象或者事物的各项指标的变动情况及其好坏趋向。随着计算机的发展,雷达图已经不必手工描绘,常见的办公软件等都已经具备了雷达图的自动生成,如 Microsoft Office、WPS 等,雷达图的应用越来越广泛。

第二节　军队信息化建设项目管理

军队信息化建设项目是指涉及信息网络和指挥控制、侦察预警、精确打击、综合保障系统,以及信息资源、信息安全、电磁频谱建设等领域的建设项目,对以上项目进行管理控制就是军队信息化建设项目管理。有效实施信息化建设项目管理,有助于缩短信息化项目研制周期、节约研制经费、降低风险和减少失误、培养信息化专业人才[①]。

一、军队信息化建设项目管理的内涵

军队信息化建设项目管理是指在信息化项目建设的整个生命周期中,根据项目建设

---

①　沈建明. 中国国防项目管理知识体系[M]. 北京:国防工业出版社,2006.

的军事需求以及相关约束条件,依托一定的资源,为达成一定项目建设目标,运用系统管理理论与信息技术规范对军队信息化项目建设进行有效的计划、组织、协调、控制等一系列活动①。

军队信息化建设项目管理的核心思想理念是系统管理的思想,追求用户满意和利益相关者利益最大化的理念。项目管理的核心要素是时间、费用、质量。项目管理包括4个寿命周期阶段,即预研阶段、研制阶段、使用阶段和退役阶段。项目管理过程包括启动、计划、执行、控制、结束等一系列过程。项目管理控制关键是范围、组织、风险、时间、费用和质量①。

(一) 范围管理

信息化建设项目范围管理是为实现信息化项目目标,对信息化项目的工作内容进行确定和控制的整个管理过程②。目的是提供信息化项目实施的工作范围框架,明确项目进度度量和控制的基准,清晰分配工作和明确相应责任。核心任务就是规划、定义和控制信息化项目所包括和不包括的所有工作内容,使所定义和控制的项目范围与用户最终需要的交付结果保持一致。

(二) 进度管理

信息化项目进度管理是为了确保信息化建设项目按时完成对各活动进行的管理过程,主要包括编制项目进度计划和进度控制①。其中,项目进度计划是根据实际条件和合同要求,以信息化项目的完成和交付使用时间为目标,按照合理的顺序所安排的实施日程。项目计划执行过程中,由于信息化建设项目的复杂性,往往会发生或大或小的偏差,这就要求对项目进度进行监督、及时做出调整,是预定目标按时并在预算范围内实现,这就是项目进度控制。

(三) 费用管理

信息化建设项目费用管理是保证信息化建设项目在规定的预算内按期、按质完成项目所需的过程②。军队信息化建设费用管理主要包括项目资源计划、费用估算、费用预算和费用控制等阶段性工作。项目费用管理的目的是在同时满足信息化建设项目的功能、质量、进度等目标要求的前提下,使项目实际发生的费用最少。

(四) 质量管理

信息化建设项目质量管理是保证信息化建设项目成果能够满足用户不断更新的质量要求,而实施的质量策划、质量保证、质量控制和质量改进的过程。质量管理是项目管理的三要素之一,是保障项目实施达到设计质量即技术指标的关键,是保证信息化建设项目顺利完成的基础②。

---

① 沈建明. 中国国防项目管理知识体系[M]. 北京:国防工业出版社,2006.
② 杨耀辉. 军队信息化建设管理概论[M]. 北京:解放军出版社,2015.

二、军队信息化建设项目管理的程序

军队信息化建设项目管理涉及项目立项、项目执行及项目收尾等基本流程,是从项目开始到项目结束的全流程。

(一)项目立项

项目管理以项目立项为起点,保证建设项目既符合本级横向上对联合作战能力的支撑,也符合纵向上专业领域内建设任务的衔接。如将信息化建设项目纳入到军队建设发展规划计划当中,促进信息化的一体化建设,提升基于信息系统的联合作战能力。项目立项主要包括项目需求分析、项目论证、项目评估、项目申报等环节。

项目需求分析,是从作战能力的角度,分析联合作战任务、战场环境、作战构想等对信息化建设项目的军事需求,使信息化建设项目适应部队编成、指挥方式等,符合作战运用的需要、符合信息化体系化建设的要求。

项目论证包括可行性论证和必要性论证。重点是可行性论证,即从技术、经济、资金等方面,对项目建设的主要内容、配套条件等进行调查研究和分析比较,对项目建成以后可能取得的效益和影响进行预测,从而提出该项目是否值得进行建设的咨询意见,为项目决策提供依据。

项目评估是根据军队颁布的政策、法规、标准和条例等,从军事需求、经费保障、军事效应出发,对拟建项目建设的建设条件、技术基支撑、资金保障、体系融合度等方面进行分析和论证,判断其是否可行。

项目申报主要包括立项申请书的编写、申报和审批。立项申请书的内容主要包括:项目名称、项目建设的依据、项目目的、作用及意义、项目的军内外、国内外发展概况、项目研究开发领域、涉及主要关键技术、技术方案和试验地点、规模、进度安排、项目现有工作基础和设备条件、项目负责人、项目主要技术人员、项目起止时间、项目经费预算、用途和用款计划,以及其他相关内容。项目申报一般是按领域或专业申报,通常是按隶属关系上报至具有审批权限的本级或上级主管部门。项目建议书按现行的管理体制和隶属关系,实行分级审批制度。

(二)项目执行

在军队信息化建设项目的执行过程中,主要通过进度管理、变更管理和沟通管理,达成对信息化建设过程管理和控制的目的。

进度管理。项目进度管理就是保证项目的所有工作都在一个指定的时间内完成,一般包括一系列管理过程,且过程彼此相互影响,同时也与外界的过程交互影响。

变更管理。在信息化建设的实施过程中,由于项目环境或者其他原因使项目产品的功能、性能、架构、技术、方法、资金等方面做出改变,这时就需要项目变更管理。项目变更的控制包括对进度变更的控制、对成本变更的控制、对人员变更的控制等。

沟通管理。项目沟通管理是在人员与信息之间提供取得成功所必须的关键联系,包括保证及时恰当地生成、搜集、加工、处理、传播、存储、检索与管理项目信息所需的各个过程。项目沟通管理包括编制沟通计划、分发沟通信息、报告项目绩效等内容。

(三) 项目收尾

项目收尾阶段主要是验收、总结和评估项目,是军队信息化建设项目建设的终点。

项目验收,主要验收项目产品、文档及已经完成的交付成果,包括系统测试、系统试运行、系统文档验收、项目的最终验收报告。

项目总结,主要包括收集项目记录、分析项目成败、应吸取教训等,以利于后面项目评估的工作开展。一般的项目总结应讨论项目绩效、技术绩效、成本绩效和进度计划绩效等。其中,项目绩效,即项目的完成情况、具体的项目计划完成率、项目目标的完成情况等;技术绩效,分析工作范围是否有变更,项目的相关变更是否合理,处理是否有效,变更是否对项目质量、进度和成本有重大影响等;成本绩效,使用成本与项目预算比较;进度计划绩效,最终的项目进度与原始的项目进度计划比较,原因分析;此外,还有项目沟通、识别和解决问题,意见和建议等。

项目评估,是对项目内容和工作进行客观评价。不同类型的项目,评估的要求不同,同一项目的评估要求每个单位也不相同。从军队信息化建设项目的功能上看,评估可以从体系融合度、效能支撑度、计划完成度等几方面展开。根据不同的权重将指标进行加权平均,从而得出具体的评估结论。

三、军队信息化建设项目管理的方法

军队信息化建设项目管理任务非常复杂和艰巨,涉及的活动和问题十分广泛,为了最大限度地满足信息化项目所有利益相关者的需求和期望,必须综合运用相应知识、技能、方法和工具开展各种管理活动。

(一) 工作分解结构法

1. 基本概念

工作分解结构(WBS)是由一系列数字、字母或者两者组合在一起所表示的任务层次结构[①]。工作分解结构方法是直接按等级把项目分解成子项目,子项目再分解成更小的工作单元,直至最后分解成具体工作(或工作包)的系统方法。工作分解结构适应于军队信息化项目范围管理,利用项目分解的思路为项目管理方案的拟制提供条件。

2. 基本步骤

工作分解结构图设计基本要素通常有以下内容,即层次分解、结构设计、编码和报告。

(1) 层次分解。由于项目工作分解既可按照项目的内在结构进行,也可按项目的实施顺序进行,并且由于项目本身的复杂程度、规模大小各不相同,从而形成了工作分解结构图的不同层次。表5-3就显示了一个典型的工作分解层次。

---

① 赵涛,潘欣鹏. 项目范围管理[M]. 北京:中国纺织出版社,2004.

表 5-3　典型的工作分解层次

工作单元	交　付	持续时间
计　划	公司策略	5~8 年
项　目	具体变化	9~18 个月
子项目	中间产品	6~18 个月

（2）结构设计。以等级状或树状来构成，底层代表详细的信息，而且其范围很大，逐层向上。WBS 结构底层是管理项目所需的最低层次的信息。该层的项通常被称为工作包，这些工作包还可以在子项目工作分解结构中进一步分解。项目工作分解如图 5-8 所示。

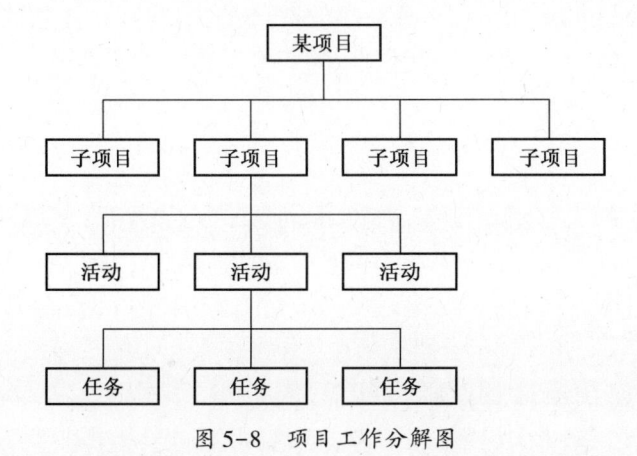

图 5-8　项目工作分解图

（3）编码设计。工作分解结构中的每一项工作，或者称为单元都要编上号码，用来唯一确定项目工作分解结构的每一个单元，这些号码整体叫做编码系统。编码系统同项目工作分解结构本身一样重要。在项目规划和以后的各个阶段，项目各基本单元的查找、变更、费用计算、时间安排、资源安排、质量要求等各个方面都要参照这个编码系统，如某项目编码图 5-9 所示。

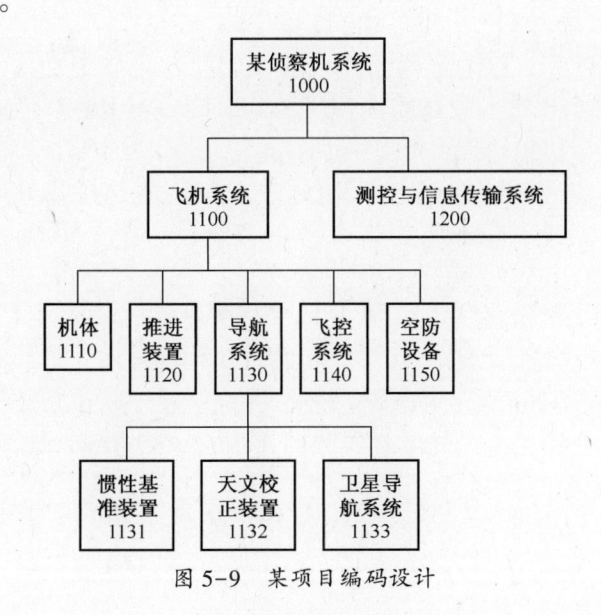

图 5-9　某项目编码设计

(4) 报告设计。报告的目的是反映项目到目前为止的进展情况,为判断和评价项目各个方面是否偏离目标、偏离范围提供依据。

(二) 层次分析法

层次分析法(AHP)是分析多目标、多准则的复杂大系统的有力工具,适应于军队信息化项目范围管理。它具有思路清晰、方法简便、适用面广、系统性强等特点,便于普及推广,可成为人们工作和生活中思考问题、解决问题的一种方法,它最适宜于解决那些难以完全用定量方法进行分析的决策问题。

层次分析法解决问题的思路:

第一步,把要解决的问题分层系列化,即根据问题的性质和要达到的目标,将问题分解为不同的组成因素,按照因素之间相互影响和隶属关系将其分层聚类组合,形成一个梯阶的、有序的层次结构模型。

第二步,模型中每一层次因素的相对重要性,依据人们对客观现实的判断给予定量表示,再利用数学方法确定每一层次全部因素相对重要性次序的权值。

第三步,通过综合计算各层因素相对重要性的权值,得到最低层(方案层)相对于最高层(总目标)的相对重要性次序的组合权值,以此作为评价和选择为方案的依据。

(三) 网络计划技术

网络计划技术应用于信息化项目进度管理,利用网络图表示进度关系,为进度管理提供支撑。用网络图编制的计划称为网络计划(NP)。网络计划技术由计划评审技术(PERT)和关键路线法(CPM)组成。PERT 是主要针对完成工作的时间不能确定,而有一个随机变量时的计划编制方法。活动的完成时间通常用三点估计法,注重计划的评价和审查。CPM 以经验数据确定工作时间,将其视为确定的数值,主要研究项目的费用与工期的相互关系。通常将这两种方法融为一体,统称为网络计划技术(PERT/CPM)。网络计划技术是项目管理和项目安排领域目前比较科学的一种计划编制方法。

1. 基本概念

网络计划技术的重要标志是网络图。将项目中所有活动之间的衔接关系用箭条(弧)和节点连接起来,弧边的权是完成该活动的时间,这种描述项目计划的网络图称为计划网络图或项目网络图。计划网络图包括:

(1) 项目,也称为工程。它是一项科研试制项目、施工任务、生产任务以及较复杂项目。一个大项目根据不同部门的任务可以分解成若干个子项目,子项目之间相对独立。

(2) 工序,也称为活动、任务或作业。工序是项目中消耗时间或资源的独立的活动。包括紧前工序和紧后工序。紧前工序是紧接某项工序的先行工序,紧后工序是紧接某项工序的后续工序。

(3) 事件,表示工序之间的连接和工序的开始或结束的一种标志,本身不需要消耗时间或资源,或消耗量可以忽略。

(4) 路线,在计划网络图中,从最初事件到最终事件由各项工序连贯组成的一条有向路。

2. 编制步骤

根据需要,网络图可以分为总图、分图和工序流程图。项目网络图有两种编制方法:一种是箭线法,用节点表示事件,用箭条表示工序的网络图称为箭线网络图;另一种是节点法,用箭条表示事件,用节点表示工序的网络图称为节点网络图;一般用箭线法绘制网络图。编制网络计划大致上分以下四个步骤:

第一步,编制工序明细表。收集和整理资料,将项目分解成若干道工序,确定工序的紧前和紧后关系,估计完成工序所需要的时间、劳动力、费用等资源,编制出工序明细表。

第二步,绘制计划网络图。依据工序明细表的关系,绘制如表5-4所列的网络图,一般从项目的开工工序开始,由左向右画图到项目所有工序完工为止。也可以从右向左画图,或从任意一道工序开始,只要不违背工序的逻辑关系即可。

第三步,计算时间参数。计算各工序和事件的有关时间,如工序的最早、最迟开工时间。

第四步,计划的优化和调整。对计划的时间和资源进一步优化,尽可能以最少的资源完成计划,或在现有的资源条件下以最短的时间、最小的费用完成计划。在计划的实施过程中,有必要进行监督、控制、调整和修改。

例如通过调查分析得出如表5-4所列的工作清单,要求拟出该任务的计划网络图。

表 5-4 任务工作清单

工作代号	紧前工作	持续时间/天	工作代号	紧前工作	持续时间/天
A		12	I	H、K	5
B		5	J	N、I	6
C		7	K	D、E	6
D	C	7	L	D、E	2
E	B、C	10	M	H、K	6
F	A、E	4	N	M	2
G	E	4	O	L	2
H	F、G	2			

现在用顺序法来绘制该例的计划网络图,按如下步骤来进行:

第一步,从最初节点出发,绘出没有紧前工作的工作A、B、C,见图5-10(a)。

第二步,D紧前工作为C,E紧前工作为B、C,因此D连接在C后,E连接在B后,且从C到B有一虚工作;F紧前工作为A、E,且表中无其他工作,以A为紧前工作,因此F直接连在A后,且从E到F有一虚工作,见图5-10(b)。

第三步,由G的紧前工作为E因此G连接在E后;H紧前工作为F、G,且表中没有其他工作以F、G为紧前工作,H直接连在F后,且有一虚工作从G结束节点指向H开始节点;I、M紧前工作均为H、K,且"紧前工作"栏中再无H、K,说明I、M开始节点相同;K、L紧前工作均为D、E,同样"紧前工作"栏中也再无D、E,因此K、L开始节点相同,由上述可得图5-10(c)。

第四步,根据工作清单中剩下的工作M、N、O的紧前工作情况,可得图5-10(d)。

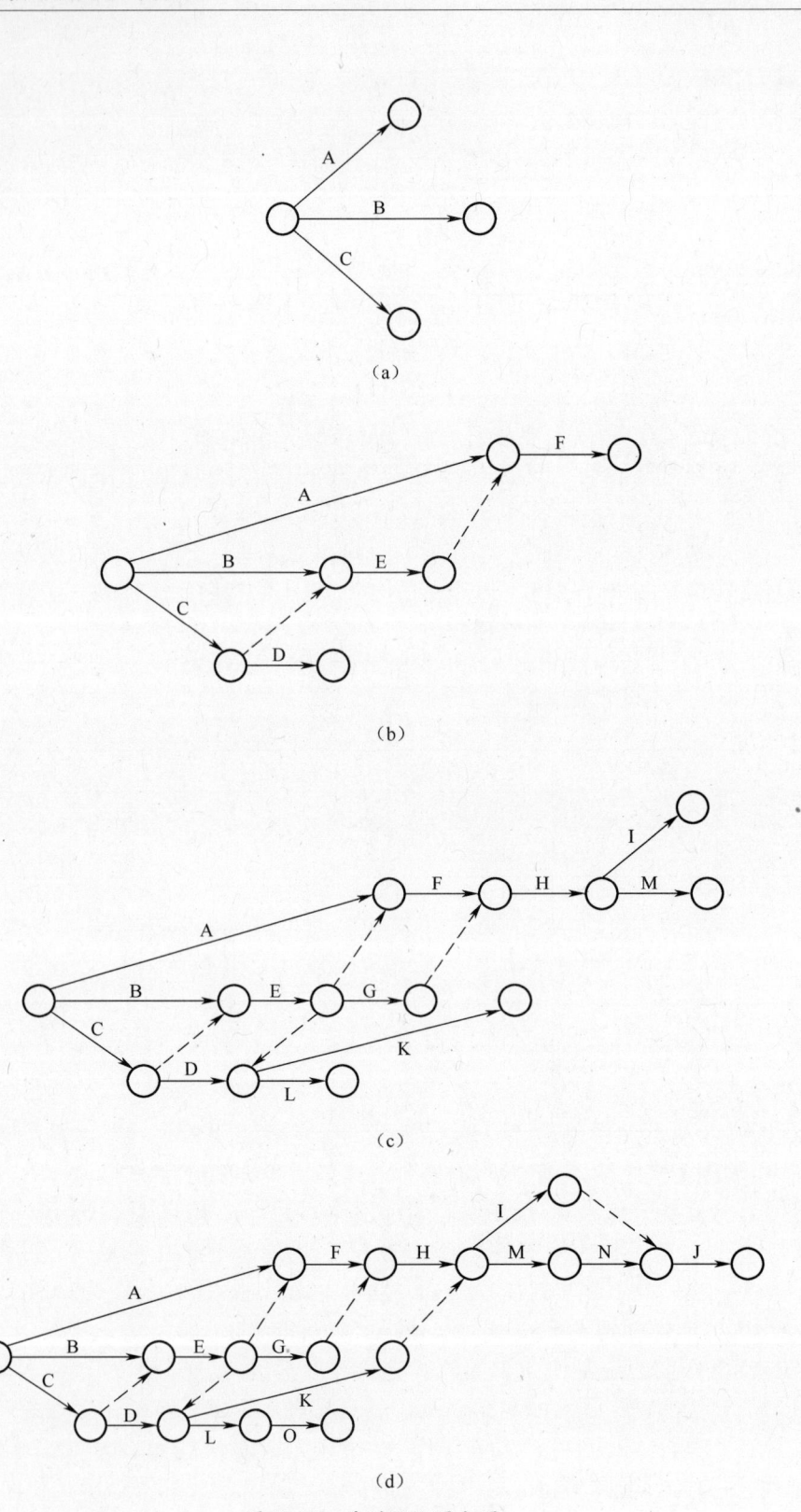

图 5-10 计划网络图分图

至此,上表中的所有工作关系均已绘制完毕,编号注记,最后得到计划网络图如图5-11所示。

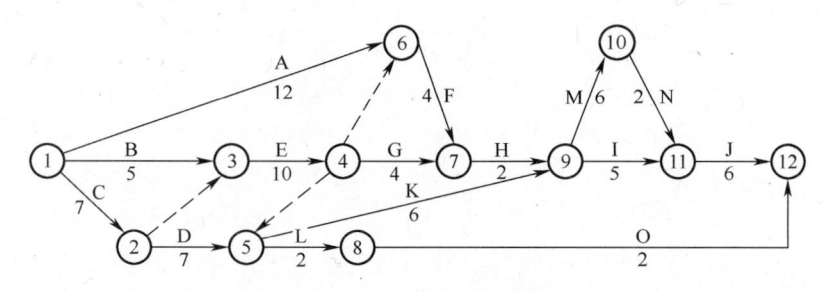

图 5-11 完整计划网络图

第三节 军队信息化建设评估

在推进信息化的进程中,为了加速赶超,就必须弄清军队信息化建设现状与问题、发展前景、对战斗力的影响及其部队的发展水平等,由此就需要从不同角度进行定量测算、分析、评估,避免以抽象论证和主观推断为依据来影响决策。军队信息化建设评估目的在于了解建设进展完成情况,把握建设基本规律,找出制约和影响建设进展的主要症结和成因,以便调整完善建设方法,提高建设效率。军队信息化建设评估是组织实施军队信息化建设的关键环节,体现了系统科学的基本思想。

一、军队信息化建设评估的内涵

军队信息化建设评估,是指军队信息化建设组织管理机构对军队信息化建设规划、实施和成效进行全方位、多角度的综合考察、评价和估量的活动,主要包括以下三个方面的内容。需要说明的是,在实际评估活动中,常常将三个内容结合起来评估,以获得较为全面的认识。

(一)信息化建设工作评估

信息化建设工作评估,主要是衡量工作对信息化建设活动的价值,可以是对全面工作的评估,也可以是对某一项工作的评估。通常情况下,信息化建设工作评估是从某一单位组织开展工作的角度对信息化建设活动的评估,注重的是信息化项目或工作进展完成情况,是对某项工作的检查。内容主要涉及评估工作的性质、任务、责任、复杂性、对建设目标贡献度的大小等。评估标准一般会围绕工作的效率高低、难易程度、风险高低、条件优劣、贡献大小等展开。

(二)信息化建设水平评估

信息化建设水平评估,主要是运用理论模型或方法对信息化发展水平和状态的评估。水平评估侧重运用方法研究,通常要建立模型,从客观上分析信息化发展所处的阶段,给出"量"的概念,体现对建设能力的客观分析与判断。当前,世界上比较典型的信息化建设水平评估模型方法有：波拉特方法、日本电信和经济研究所的信息化指数法、信息社会指数、联合国信息利用潜力评价、国际电信联盟世界电信指标体系、电子经济评估体系等。

(三) 信息化建设绩效评估

信息化建设绩效评估，是对信息化建设效益结果的评估，表现为衡量信息化建设对军队作战能力和建设管理的影响和贡献。和前面两种评估内容相比，信息化建设绩效评估难度最大，是信息化建设评估的更高层次。它一方面要落实"建为战"的目标，另一方面要确保建设"又好又快"良性发展。军队信息化建设关注体系设计，所以绩效评估侧重从体系融合、体系支撑、体系应用的角度来评估信息化建设项目的作用和价值。

二、军队信息化建设评估的程序

组织实施军队信息化建设评估的目的，在于把分散的人和事物有机结合共同保障评估活动顺利实现。能否科学、高效地组织实施评估工作，使评估活动有序、有效地进行，对评估质量和评估结果的准确性、可靠性及有效性有着重要的影响。

(一) 组建评估机构

根据评估需要，按照三条线组建军队信息化建设评估机构，这三条线分别是行政线、专家线和技术线构成。其中行政线由网信领导小组和办公室牵头，专家线由网信领域领导专家组构成，技术线由第三方评估成员组成，一般是专业评估公司。评估机构主要职责如下：一是制定评估方案和实施细则。在制定评估方案和实施细则时，既要领悟上级的信息化建设总体思路，又要结合本单位作战任务、装备特点、所处环境和背景等，在整体框架下对评估指标进行有效取舍，增强评估方案的针对性和可操作性。二是选择评估人员并组织集训。无论是专家评估还是自我评估，都需要选择一定数量的专家、管理经验丰富的单位领导或者相关人员担任评估员。组织评估人员进行评估理论学习、评估系统操作、评估方法学习等。三是组织开展评估和自我评估。自我评估是查找建设问题并加以改进的重要途径。评估组织机构对自评活动进行组织和指导，提高评估效益。四是提出和改进军队信息化建设效益的意见建议。评估组织机构收集、整理评估信息，并利用科学方法进行分析论证，找出建设过程中共性的、普遍性、有倾向性的问题，提出调整信息化建设工作思路、方法等意见和建议，为下一步提供决策咨询和参考，发挥评估服务决策的职能。

(二) 明确评估指标

明确评估指标，是军队信息化建设评估的关键环节和步骤，指标是否科学合理，将影响评估作用的正常发挥。构建符合要求的信息化评估指标体系，应从军队信息化建设整体和系统的角度，明确评估体系结构，反映评估指标的内在联系。

确立军队信息化建设评估指标应把握以下原则：

系统性原则。军队信息化建设评估指标体系应充分考虑信息化建设这个大系统，把相关系统发展纳入整体，处理好整体、具体行动和系统目标之间的关系，力求全面系统反映军队信息化建设发展水平。

科学性原则。制定指标体系应当以科学理论为指导，以客观事物内部要素及其之间的本质联系为依据,采取定性分析和定量分析相结合的方法,最大限度地反映事物整体和内部各要素相互关系的特征。

实用性原则。指标涵义要明确,数据要规范,口径要一致,设置指标时要从评估对象的客观实际出发,充分考虑到该项指标相关资料收集的可行性、可靠性和可操作性。

可比性原则。指标能够进行横向、纵向比较,以反映军队信息化建设水平。

典型性原则。信息化建设评估指标反映的应是军队信息化现象中的最为关键、最为典型的数据,指标设置力求简洁、精炼。如军队信息化建设评估指标体系应涵盖信息化组织领导、信息基础设施建设、信息技术及信息化装备建设与运用、信息资源开发利用、信息安全保障、信息化人才等六个方面的能力指标。其中,信息化组织领导指标从组织领导层面反映对信息化建设的重视程度和信息化战略的落实情况;信息基础设施建设指标从信息化基础建设层面反映信息化的建设程度和对信息化的投入力度;信息技术及信息化武器装备建设与运用指标反映信息技术对武器装备及对军队战斗力的贡献程度;信息资源指标反映信息资源的开发利用水平;信息安全保障指标反映信息安全的建设发展水平;信息化人才队伍建设指标反映信息化人力资源梯队建设,以及人才对信息化知识的学习和应用能力。

(三) 组织数据采集和处理

实施数据采集和处理是评估的基础性工作,数据是否真实可靠对评估结果有着至关重要的作用。评估开始前,应组织信息采集员分别入住参评部队,与参评部队建立联系;评估开始后,各信息采集员应根据自己所担负的采集任务,跟随部队行动,按要求适时记录部队行动信息,并填写信息采集表,采集信息要做到及时、客观和准确;当一种作战行动结束后,信息采集员应将信息采集表经受检单位领导签字确认后及时上交。

评估组接收到信息采集表后,首先要归纳整理、分析核实采集数据。通常按评估问题、作战行动、受检单位对信息采集表进行归纳整理。对指挥员、机关、部队的同一行动数据要相互比照,当数据出入较大时,应及时记录问题并向有关信息采集员查证核实。其次,按系统要求如实录入采集数据。录入采集信息时,要做到完整和准确。完整,是严格按照"评估系统"所要求录入的信息项目,全部录入。准确,是严格按照信息采集表中记录的信息如实录入,不得擅自修改。当信息采集表中的某些记录不详或存在明显错误时,应当及时上报,经核实、查证后方可录入。

(四) 应用评估系统实施评估

在确定采集信息录入准确无误后,评估人员应运用开发的评估系统实施评定分为单项评定和综合评定。其中,单项评定,即随录随评,当某一单项行动信息录入完毕后,可单独计算。综合评定,评估结束且所有受检行动信息均录入完毕后,进行综合计算。

一般来说,对任何系统的评估或评价,都是在一定的条件下,通过对系统诸要素和相互关系的分析、计算,客观、公正、合理地对系统的运行效果做出全面评定。军队信息化建设评估也不例外。一个评估系统通常由以下几个方面构成:①评估对象。同一类评估对象一般应大于一个,或者说,一个评估模型可以重复使用,否则就失去了建立通用评估模型的意义。②评估与决策者。决策者决定了评估目的、指标建立、权重设定,以及评估结果的决策等问题。③评估指标。不同的评估指标从不同侧面反映系统的状态,所有的评估指标就组成了评估指标体系,用于反映系统各个方面的状态。正确确定系统的评估指标体系及合理的评估指标值计算方法,是建立评估系统的关键步骤之一。④评估指标权重。用于反应每个评估指标的相对重要程度,评估指标权重确定的合理与否,关系到评价结果的正确与否。⑤评估模型。对于一个多指标的综合评价问题,主要是通过一定的数学方法和手段,将评估指标值和评估指标的权重"合成"为一个整体的综合评价值。评估的一般步骤是:明确评估目的;确立评估对象;建立评估指标体系;构建评估指标值的计算方法;建立评估指标的权重;选择或建立理想的评估方法或模型;对所确定的评估对象进行评价;根据评估结果对评估对象做出正确的判断和决策。由此可看出,建立一个评估系统是非常复杂的过程,也是一个需要各方面知识的人员共同努力才能完成的工作。

评估报告是军队信息化建设评估的最终结果,是进行总结讲评的前提和基础,主要内容包括评估情况、评估结果和存在问题三部分。其中,分析存在的问题是重点。评估组在评估完毕后,要及时利用系统生成军队信息化建设评估报告,为军队信息化建设情况总结和下一阶段的信息化建设规划计划提供依据。

(五) 评估结果运用

军队信息化建设评估结果,是对评估对象的建设管理质量和效益相关评估信息进行分析处理和推断后的综合判断。评估结果总是以一定形式存在,结论的正误需要进行检验,对于正确的结论应发挥其应有的价值,而对片面的甚至是错误的结论,必须予以纠正,评估结果只有被正确、恰当地投入使用才能体现其价值。军队信息化建设评估结果的使用方式包括以下几种。一是用于决策。决策与评估密不可分,决策必须辅之以正确的评估,才具有科学性;评估必须结合决策的再认识过程,才具有实践价值。评估结果既可为上级首长及领导机关从全局上筹划和加强部队信息化建设管理工作提供决策参考,也可为评估对象本级首长和领导机关查找本单位信息化建设管理薄弱环节及缺项漏项、研究加强本单位信息化管理的对策措施提供决策参考。二是用于奖惩。评估结果为优秀的单位,应给予奖励,使精神奖励与物质奖励有机结合,以提高评估对象主动性和积极性;对评估结果不合格的单位,要责令整改。三是用于对照检查。通过公布评估结果,各单位人员对照检查,进一步加强信息化建设的精细化管理。

三、军队信息化建设评估的方法

综合评分法是军队信息化建设评估方法中的最常用的方法,既有专家的定性判断,又有科学的测算方法;既包含有可计量因素,又考虑到不可计量因素。该方法简单,可操作性强。基本流程如下。

第一步,建立军队信息化建设评估指标体系。指标体系建立的方式与评估的视角和目的密切相关,是分解解析信息化的评价标杆,对评估结果起主导作用。军队信息化建设评估指标体系包括反映部队信息化建设关键要素指标,以及形成这些要素指标的具体组成指标。

第二步,确定军队信息化建设评估指标权重。一层要素(一级指标)的权重代表了其对部队信息化建设要素的贡献大小,各大类要素中诸构成指标(二级指标)的权重则说明了在本类要素中的相对重要程度。权重的确定主要依靠专家经验判断。在广泛征求有关专家的意见后,把收集到的意见和数据通过德尔菲法(或层次分析法 AHP)进行分析,逐次排序。

第三步,军队信息化建设评估指标的数据采集和处理。可以采用直接测量方法、定量计算方法、仿真测试方法、实兵测试方法、定性评估方法获取指标数据。由于综合评分法是将评价指标数据最终合成一个分值,所以要对不同量纲的指标统一测度量纲以便于综合。基本方法是对指标数据进行"无量纲化"处理。

第四步,军队信息化建设评估综合评分的水平测算。运用公式进行测算,并分析结果。

$$BI = \sum_{i=1}^{n} W_i P_i$$

式中:P_i 为第 i 个评价指标标准化处理后的值;W_i 为 P_i 的权重;BI 为军队信息化建设评估总评分。在具体应用中,计算公式可转化为

$$BI = \sum_{i=1}^{n} W_i (\sum_{j=1}^{m} W_{ij} P_{ij})$$

式中:n 为部队信息化建设构成的要素个数;m 为部队信息化建设第 i 个构成要素的指标个数;P_{ij} 为第 i 个构成要素的第 j 项指标标准化后的值;W_{ij} 为第 i 个构成要素的第 j 个指标在其中的权重。

作 业 题

一、单项选择题

1. 规划计划的基点和起点是(　　),它决定着军队信息化建设的使命任务、发展目标和建设重点,也决定着军队信息化建设的总体战略。
   A. 目标定位　　　　B. 编写计划　　　　C. 需求分析　　　　D. 理解任务

2. 军队信息化建设架构设计,主要是应对军队信息化建设(　　)进行的整体设计。
   A. 全部资源　　　　B. 主要内容　　　　C. 主要任务　　　　D. 核心要素

3. 网络计划技术应用于信息化项目进度管理,利用(　　)表示进度关系,为进度管理提供支撑。
   A. 计划图　　　　　B. 层次树　　　　　C. 网络图　　　　　D. 雷达图

4. 军队信息化建设项目需求分析,是从(　　)的角度,分析联合作战任务、战场环境、作战构想等对信息化建设项目的军事需求,使信息化建设项目适应部队编成、指挥方式等,符合作战运用的需要,符合信息化体系化建设的要求。
   A. 作战能力　　　　B. 应用能力　　　　C. 建设能力　　　　D. 发展能力

5. 军队信息化建设评估结果可用于(　　),通过公布的评估结果,各单位人员进行对比查看,进一步加强信息化建设的精细化管理。
   A. 效果评估　　　　B. 奖励惩罚　　　　C. 比较分析　　　　D. 对照检查

二、多项选择题

1. 军队信息化建设规划计划的程序主要包括(　　)。

A. 理解建设任务 B. 分析建设现状
C. 论证建设需求 D. 拟制建设计划
E. 上报送审审批

2. 军队信息化建设项目管理涉及( )等基本流程,是从项目开始到项目结束的全流程。
A. 项目上报 B. 项目立项
C. 项目执行 D. 项目监理
E. 项目收尾

3. 在军队信息化建设项目的执行过程中,主要通过( ),达成对信息化建设过程管理和控制的目的。
A. 进度管理 B. 范围管理
C. 变更管理 D. 费用管理
E. 沟通管理

4. 军队信息化建设项目立项主要包括( )等环节。
A. 需求分析 B. 项目申报
C. 项目论证 D. 项目审核
E. 项目评估

5. 一个评估系统通常由哪几部分构成?( )
A. 评估对象 B. 评估与决策者
C. 评估指标 D. 指标权重
E. 评估模型

三、填空题

1. 军队信息化建设规划计划是围绕实现信息化建设目标,所展开的_____、_____、_____、_____等一系列活动。

2. 信息化建设项目论证包括_____论证和_____论证。

3. 军队信息化建设评估主要包括信息化工作评估、_____和_____三项内容的评价,实际上是对事前预期和事后状况的全面对照。

四、简答题

1. 简述军队信息化规划计划的作用。
2. 拟制军队信息化建设规划计划的主要方法有哪些?
3. 军队信息化建设项目管理的核心要素是什么?
4. 简述军队信息化建设评估结果的应用场景。
5. 简述军队信息化建设评估的定义。

五、综合题

1. 简述层次分析法解决问题的基本思路并论述该方法在部队日常工作中的运用。

2. R旅正计划全面加速推进信息化建设。目前取得的成效:一是信息化体制编制雏形初现;二是野战指挥信息系统渐成体系;三是主战信息化武器装备比例增大;四是营区基础信息网络基本覆盖;五是信息化人才队伍不断壮大。存在的问题:一是部队信息化基础设施建设还不够完善;二是部分信息系统装备性能仍需完善;三是信息系统训练运用有待进一步加强;四是营区信息网络应用不够充分;五是信息化人才建设还存在明显差距。根据上述数据和资料,请运用 SWOT 方法对该旅信息化建设基本情况进行分析(列出 SWOT 表)。

3. 部队正在进行模拟训练系统开发,经过与外协公司交流后,对整个项目有了一个基本框架,就相关工作绘制了先后关系表(如下表所列),预估了相应活动所需时间。

编号	工序名称	预期时间/日	紧前工序
A	可行性分析	5	无
B	编写、核准项目工作说明书	3	A
C	项目后勤准备	3	A
D	项目启动会	1	A
E	项目调研和业务分析	10	B、C、D
F	系统方案初步设计	5	E
G	需求报告编写和确认	5	E
H	确定总体解决方案	5	F、G
I	软硬件计划和采购	10	H
J	建立系统测试与开发环境	3	H
K	系统开发	60	I、J
L	系统测试	5	K
M	上线准备	7	L
N	试运行	50	M
O	项目完成交付	1	N

根据上述数据和资料,请做如下工作:
(1)试绘制出开发信息系统的网络图。
(2)根据网络图,求出关键工序和关键路径。
(3)部队最早需要多长时间才能使用这个训练系统?

第六章　军队信息化建设管理方法

军队信息化建设管理方法，是指用来履行军队信息化建设管理职能，实现军队信息化建设管理目标，保证军队信息化建设管理活动顺利进行的方式、手段、途径和程序的总称。军队信息化建设管理方法是军队信息化建设管理理论、原理的自然延伸和具体化、实际化，是理论原理指导实践活动的必要中介和桥梁，是实现目标的途径和手段，其有效性依赖于方法的科学性。军队信息化建设管理方法的种类繁多、表现各异，不同的方法以不同的学科知识背景作为理论基础，具体方法运用时要考虑采取不同的程序、依托不同的载体、运用不同的手段、借助不同的工具进行实施。依据军队信息化建设管理的特点规律，着眼其矛盾的特殊性，有针对性地运用体系结构、路线图和综合集成等具有信息化特色的管理方法指导现实活动，对提高军队信息化建设管理效益具有重要意义。

第一节　体系结构方法

体系是由两个或两个以上存在的、能够独立行动实现自己意图的系统或集成的具有整体功能的系统集合。两者相比，系统的组成联系紧密，强调通过技术手段或者信息交流的形式形成整体；而体系的组成联系较为松散，强调通过指挥和决策的形式形成整体。体系结构方法用于武器装备体系、巨型武器系统和军事信息系统顶层设计，能够使顶层设计"画出来""说清楚""看明白"，是验证和评估新的作战概念、分析军事能力、完备装备体系、制定投资决策、作战规划的重要依据，为指挥人员、技术人员之间的沟通提供"共同语言"，使所开发的系统可扩展、可集成、可重组，从而提高系统的体系融合水平。体系结构方法因其具有全局性视角、整体性设计、工程化推进的特质优势，成为大型复杂系统建设优先选择的方法和途径。

一、体系结构的基本内涵

经过几十年的发展，体系结构方法已在世界范围内得到了广泛认可和普遍验证，成为加速推进军队信息化建设转型的重要抓手，越来越受到世界各国军队的重视。

（一）体系结构的定义

体系结构是用来明确信息系统组成单元的结构及其关系，以及指导系统设计和演进的原则与指南[①]。体系结构由三部分构成：组成单元的结构、组成单元的关系、制约组成单元的原则与指南。

体系结构描述了系统的组成单元。由于与系统存在利益关系的人员多种多样，不同

---

① 国防科技大学信息系统与管理学院. 体系结构研究[M]. 北京：军事科学出版社，2011.

人员的目的不同,对系统的要求不一样,所关心的系统组成单元及具体表现也是不一样的。如在业务人员眼里,系统组成单元不是技术层面上的系统功能模块,而是从业务的角度观察系统所看到的业务节点、组织机构要素等组成单元;而在技术人员眼中,系统组成单元主要是指组成系统的功能模块、子系统、部件、硬件设备、软件系统等。

体系结构刻画了系统组成单元的关系。因为不同人员或不同角度描述的系统组成单元的不同,这些单元间的关系也是不一样的。如从业务角度看,系统组成单元的关系包括业务节点之间的信息交换关系、业务活动之间的信息关系、组织机构要素的协作关系等;从技术角度看,系统组成单元之间的关系具体体现为系统部件之间的接口关系和通信关系、系统功能模块间的数据交换关系等。

体系结构描述了系统实施、升级或演化时必须遵循的一些基本原则和标准。这些原则或标准可以从两个方面分析:一方面从整体角度确定的系统生命周期活动中升级、演化等活动的总的设计或规划,一般以里程碑形式予以明确;另一方面从技术角度对系统建设和运行时所涉及到的主要技术进行梳理,确定各项技术遵循的标准,预测技术的发展情况和技术标准的变化情况,为系统里程碑制定提供支持。

用来规范体系结构设计、开发的形式和方法称为体系结构框架。根据应用背景及用途的差异,经过不断的优化和完善,相关研究机构推出了一系列成熟的体系结构框架。扎克曼框架是最原始的、经典的体系结构框架,开创了体系结构框架研究的先河。其他成熟的方法还有开放组织体系结构框架(TOGAF)、美国联邦企业体系结构框架(FEAF)、美国国防部体系结构框架(DoDAF)、英国国防部体系结构框架(MoDAF)等。我国也在借鉴这些成熟框架的基础上制定了符合国情的民用和军用体系结构框架。

(二) 体系结构要素

一个系统有许许多多的相关人员,不同的人员与系统的关系不同,观察系统的角度不一样,所观察到的系统的体系结构也有区别,但是体系结构的各方面的要素基本一致,都包括数据、功能、结构等方面的内容。区别在于不同人员关心这些内容的不同特性。我们将体系结构所包含的这些内容称为体系结构要素。

扎克曼框架从数据(What)、功能(How)、结构(Where)、人员(Who)、时间(When)和目标(Why)六个方面来建立体系结构。数据主要描述系统涉及到的实体以及实体之间的关系。功能主要描述系统要完成怎样的工作。结构主要描述系统的分布和连接,系统各项功能在哪里被执行。人员主要描述系统由谁来完成各个功能和任务。它明确系统中的组织关系、责任关系和功能分配关系。时间主要描述系统中各事件的时间关系。目标主要描述为什么要完成这些活动,说明系统的目标。

二、体系结构的表现形式

体系结构的设计要素必须采用直观的表现方式来描述。由于描述内容上的差别,不同的内容常采用不同的表现形式。根据体系结构产品描述要素的不同特点,主要采用七种基本表现形式。体系结构产品是描述体系结构时得到的图形、文字、表格,又称体系结构模型[①]。

---

① 国防科技大学信息系统与管理学院. 体系结构研究[M]. 北京:军事科学出版社,2011.

表格型。体系结构要素以表格形式表现,在特殊情况下可以增加文字说明。如对技术标准体系的描述可以采用表格的方式,将技术标准的类型、名称、标准号等属性在表格中一一列出。

结构型。体系结构要素采用结构图的形式来表现,主要描述体系结构要素的组成与结构。如对系统结构描述,可采用标准的结构图形式,也可采用非标准的结构图,用矩形或圆表示系统的组成单元,组成单元之间的信息交换关系用一条线描述,不同的线形可以表现不同的信息交换关系。

行为型。体系结构要素以行为图表的形式表现,主要描述活动、过程、时序等要素。例如采用圆或矩形表示活动或功能,有向箭头表示两个活动或功能之间执行顺序关系,常用的 IDEF0 图、数据流图,以及 UML 中的活动图和顺序图都属于行为型表现形式。

映射型。体系结构要素以矩阵的形式表现,描述不同体系结构数据之间的映射关系。如在美军国防部体系结构框架中,规定采用映射矩阵的形式来描述作战活动与系统功能之间的关系,说明某个作战活动的执行需要哪些系统功能来支撑。其中矩阵的行和列分别表示作战活动集和系统功能集,矩阵中某一元素的取值则表示该行对应作战活动和该列对应的系统功能之间是否存在支撑关系。

本体型。以数据模型的形式表现体系结构要素,主要描述体系结构中基本的术语定义及分类。如对体系结构中逻辑数据模型和物理数据模型的定义可采用实体关系图的形式描述。

时间型。主要描述体系结构要素随时间变化的一种趋势和过程,可采用计划安排图表的形式。如体系结构要素演化进度的描述,可采用常用的进度安排图的形式描述。

图表型。产品以非规则的图形形式表现。

在具体设计过程中,设计人员可根据不同的设计需要,选用其他的表现形式,但选择的表现形式必须能够清楚地描述产品内容,而且便于交流和理解。

三、体系结构的战略价值

目前,体系结构已经从理论研究阶段进入到实际应用阶段,其作用也从解决信息系统的互操作性、提高系统建设效率方面,扩展到信息化领域的规划计划、需求论证、集成应用和建设管理等方面。

(一) 顶层设计中的科学规划

以往信息化建设的顶层设计一般停留在规划层面,对信息系统而言,通常只概略描述系统的组成和分布,缺乏详细明确的功能结构、信息流程和技术标准等内容,操作性不强,影响系统建设的整体质量和效益。运用体系结构进行顶层设计,可以站在战略全局的高度,着眼形成满足需要的保障能力,用系统化、工程化的方法,按照作战需求分析、信息资源规划、系统功能设计的流程,明确系统的建设项目和系统研制、应用、维护的技术体制与标准规范,并根据信息技术和战争形态的发展制定系统发展变化的原则和指南,把顶层设计计落到实处。

（二）需求论证中的沟通桥梁

需求论证是信息化建设的重要环节。以往的建设中,需求论证往往定性论证为主、定量分析为辅,很多时候把项目建设的必要性论证当作需求论证,忽略了需求的多层次、多主体性,需求论证结果量化、细化和具体化不够,给系统设计和研制留下弊端。而运用体系结构方法展开需求论证,能够准确提炼系统建设需求,提供一种军事人员和技术人员都能够理解的、标准化的共同语言,架起不同领域、不同人员之间的沟通桥梁,便于提出满足多领域、多层次不同类别用户需要的综合需求分析结果。

（三）综合集成中的标准规范

综合集成是部队信息化建设中的一项重要工作。综合集成涉及要素多、参与力量多元、集成任务艰巨,用体系架构方法可以很好地完成任务。体系结构为各级各类信息系统的综合集成建立了系统互连、信息互通、功能互操作的关系法则和技术标准,是确保信息系统综合集成建设的基本标准规范。采用体系结构方法进行综合集成,可以有效降低成本。如英国国防部采用体系结构框架方法后,使综合集成的费用由原来占整个工程的30%~40%下降到10%~20%。

（四）组织管理中的效益提升

运用体系结构,能够统一明确各业务部门的职责,明晰各类人员的工作流程,确保信息化建设分工明细、各司其责;能够统筹各军兵种、各业务领域信息化建设规划,将建设任务具体分解到各级各单位,明确建设时间和经费保障,明确各项规划的可执行和可操作;能够按照统一制定的绩效评估标准,对建设总体目标、建设进度和能力指标等进行科学评估,不断提高信息化建设的质量效益。如美军在军队转型建设中,建设了网络化的采办流程过程,颁布了"日常采购体系结构",给出了空军日常采购的标准化任务和最优化流程。按照该体系结构,空军积极改进采购供应链,极大提高各个部门系统的互操作程度,使平均采购需求处理时间减少大约14~16天,IT资源利用率提高了30%。

四、体系结构的方法指导

体系结构通过在高层次上定义系统的组成机构及其交互关系,从整体、全局的角度,抽象归纳并勾勒出事务的总体框架,隐藏系统部件的局部细节信息,提供了一种理解并管理复杂系统的机制[1]。然而,体系结构比较抽象,需要在理解概念的基础上,遵循正确的原则和程序,灵活加以使用。

（一）多视图方法

体系结构是一个抽象的概念,体系结构设计出来后,必须用一种规范的形式进行表述,这种表述称为体系结构描述。体系结构是实实在在的客观存在,体系结构描述是体系结构的形象表现,如图形、表格、文本等。在复杂系统领域,人们往往通过建立相应的规范

---

[1] 国防科技大学信息系统与管理学院. 体系结构研究[M]. 北京:军事科学出版社,2011.

(这些规范称之为体系结构框架),来约束体系结构描述,进而勾画出复杂系统的体系结构。这个过程,既体现了自顶向下的顶层设计思想,也体现了从宏观到微观的系统工程方法,是整体论和还原论的有机结合。因此,体系结构框架就是规范体系结构设计和开发的基础方法论,同一领域的体系结构设计必须遵循统一的体系结构框架。

经过多年的研究和实践,各个领域发展了许多的体系结构框架,其核心和精髓都是基于多视图的方法。多视图方法是人们了解、描述复杂事物的一种常用方法,体现了"分而治之"的理念,可以将复杂问题简单化,将一个复杂问题分解为反映不同领域人员视角的若干相对独立的视图,这些视图一方面反映了各类人员的要求和愿望,另一方面也形成了对体系结构的整体描述。比如,建造一座结构复杂的建筑物,需要从主体结构、供水管路和供电管路等方面(即视图)进行设计,形成主体结构图、供水管路图、供电管路图等设计图纸。这些设计图纸的结合可以完整地描述出该建筑物的全貌,如果只用其中的任何一个或两个设计视图就不能达到这一要求。再如,机械制图也采用了多视图方法,即将一个空间三维的物体向三个不同的正交方向投影,形成空间三维物体正视图、侧视图和俯视图,三个视图之间通过一定约束和规则,形成对三维物体全面的描述。图 6-1 比较形象直观地给出了多视图方法的设计思想。

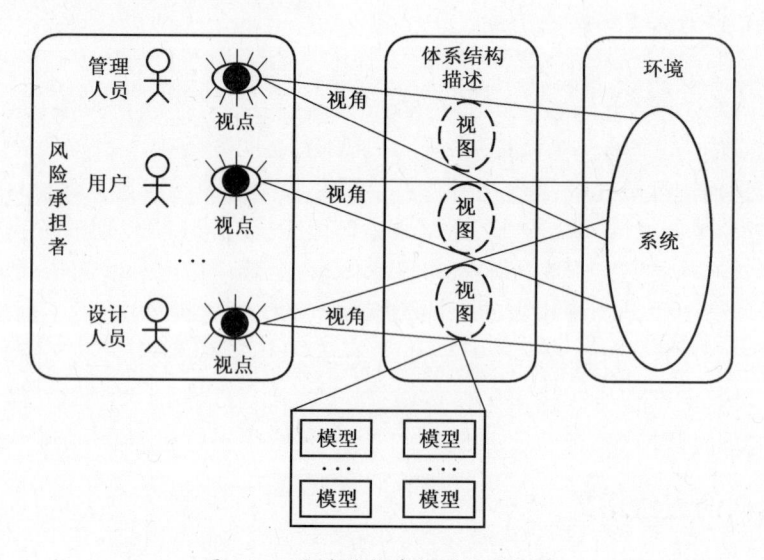

图 6-1 体系结构多视图方法示意

图 6-1 中,视角是不同人员观察体系结构的角度,一种体系结构描述通常选择多个视角。视图是从某个视角看到的体系结构的特定景象,一个视角与一个视图相对应。模型是体系结构内容的抽象或表示,一个视图可能包括一个或多个模型。体系结构描述一般由多个体系结构视图组成。

在军事领域,多视图方法得到了广泛应用。美军最先提出来的 C^4ISR 体系结构框架就是由作战视图、系统视图和技术视图组成的。作战视图侧重于描述仗怎么打,作战对支撑的资源有什么要求;系统视图侧重于描述系统怎么建;技术视图侧重描述使用什么技术。多视图方法的作用在于建立作战人员、技术人员、管理人员之间沟通的桥梁,实现作战、系统、技术三方面的综合,保证所开发的系统可集成、可操作、可验证、可评估,从而提高系统的一体化水平。

随着基于信息系统的体系作战能力建设的不断深入,信息系统的支撑功能越来越强,集成融合要素越来越多,结构关系越来越复杂。构建这样的复杂信息系统,应该采用多视图方法,从作战需求分析、信息资源规划、系统总体设计、技术标准应用等角度,根据各方面的不同要求,形成作战视图、信息视图、系统视图和技术标准视图,进而通过分析视图与视图、模型与模型、要素与要素之间的关系,把宏观筹划与微观设计、定性描述与定量分析有机结合起来,最终形成一个完整的体系结构。

(二) 体系结构的开发过程

体系结构的开发是一项复杂的系统工程,应用领域不同、采用的体系结构框架不同,体系结构开发的过程和体系结构模型的开发顺序也有区别。如美军国防部体系结构框架采用的是"六步骤"开发过程,我军军事信息系统体系结构框架采用的是"三阶段法"开发过程。但是这些体系结构开发活动还是有共性的,一般可以概括为建立组织结构、选择体系结构框架和工具、详细设计、设计审核四项主要工作。

1. "六步骤"

第一步确定体系结构使用目的;第二步确定体系结构的范围;第三步确定要获取的体系结构特性;第四步确定要构建的视图与产品;第五步收集数据并构造所确定产品;第六步运用体系结构达到预定目的。六步法突出强调体系结构数据的重用和继承。实际上体系结构设计结果的好坏,除了强调数据完备性、一致性、重用性外,还必须分析、验证和评估体系结构是否达到目的。美军国防部体系结构开发过程如图 6-2 所示。

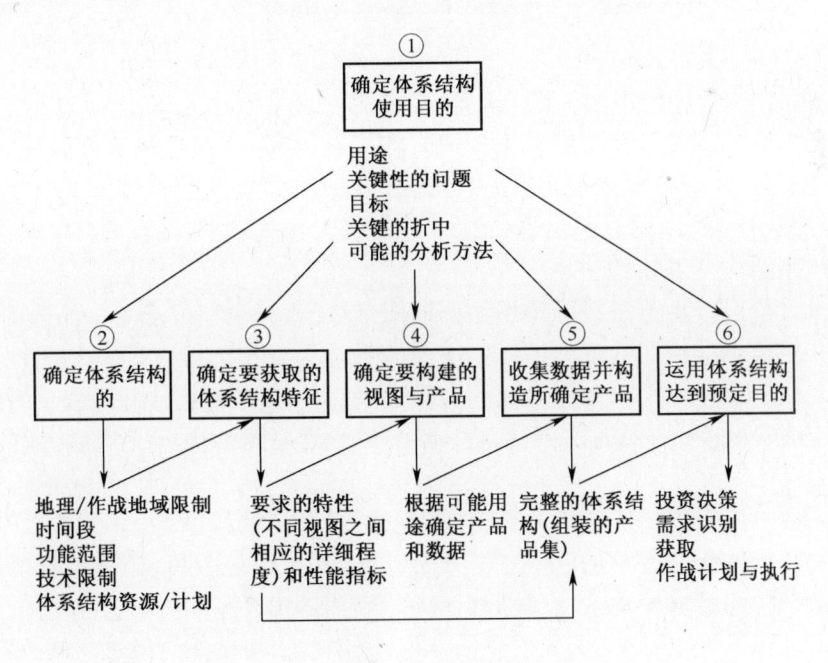

图 6-2 美军国防部体系结构开发过程[1]

---

[1] 国防科技大学信息系统与管理学院. 体系结构研究[M]. 北京:军事科学出版社,2011.

2. "三阶段法"

我军军事信息系统体系结构设计包括筹划准备、模型设计和验证评估三个阶段,如图 6-3 所示。

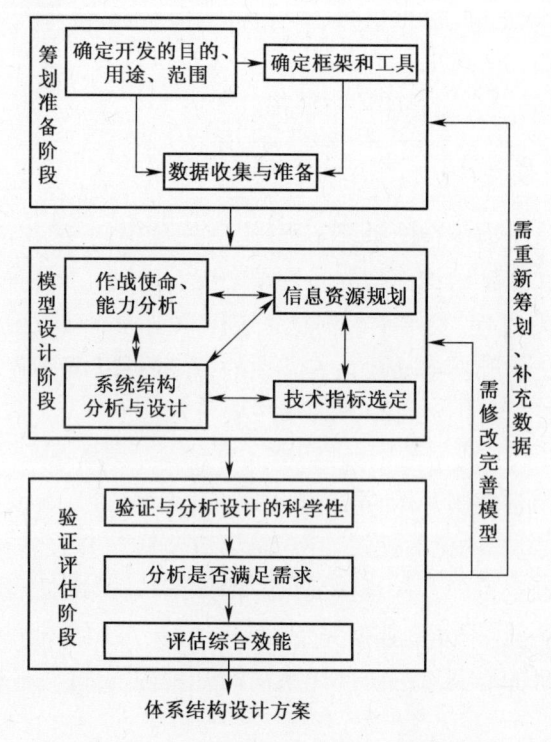

图 6-3 体系结构开发的三个阶段[1]

筹划准备阶段,主要明确体系结构设计的目的、范围和方法,确定框架和工具,并根据需求收集相关的辅助设计数据。若选择现有的框架,必须明确选择哪些视图和产品。在此基础上,根据设计任务要求和现有条件,选择体系结构设计的具体方法和工具。目前,支持体系结构开发的商用软件有 SA、TauG2、EA 等,国防科技大学和中国电科集团也自主研发了体系结构开发软件。

模型设计阶段。主要是按照体系结构框架,设计相关模型或产品。如选用作战视图、系统视图和技术标准视图的框架结构。由于体系结构设计内容之间的相关性,在模型设计阶段要严格按照体系结构内容之间的逻辑关系,以一定顺序有序开发。如作战需求是决定系统组成、功能和结果的基础,因此,必须在作战视图的内容完成后,才能开发系统视图。

验证评估阶段。主要任务是分析验证体系结构设计的科学性,评估体系结构满足需求的程度和综合效能。主要从以下三个方面进行分析:一是分析、验证设计的科学性;二是分析体系结构的需求满足度;三是分析评估体系结构综合效能。

在体系结构设计过程中,可根据评估结果,对体系结构设计结果进行修改完善。如需要补充数据,应返回筹划准备阶段,重新进行数据收集和准备工作;如果模型设计不合理,

---

[1] 国防科技大学信息系统与管理学院. 体系结构研究[M]. 北京:军事科学出版社,2011.

或模型设计不能满足系统需求和综合效能指标,应返回模型设计阶段,修改完善相关模型。

(三) 体系结构产品的开发顺序

体系结构产品的设计是体系结构开发的主体工作,美军国防部体系结构框架 1.0 版和我军军事信息系统体系结构框架都按照一定的顺序开发产品。图 6-4 是美国国防部体系结构框架 1.0 版中视图之间的关系。要说明的是,体系结构产品(模型)的开发顺序不是具体的开发流程,而是对体系结构产品(模型)的开发实践关系的约束。当采用不同体系结构设计方法时,产品或模型的开发流程也会有所区别。一般按照开发全视图产品、开发作战视图产品、开发系统视图产品、开发技术标准视图产品的顺序进行。

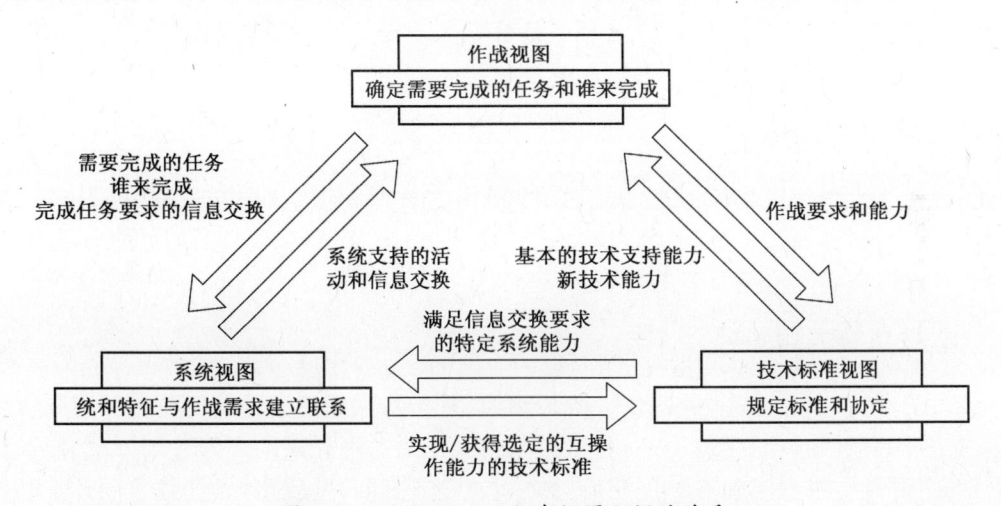

图 6-4　DOD AF 1.0 版中视图之间的关系

(四) 体系结构方法运用

在发展战略研究中,可以将体系结构方法应用于装备基本体系能力分析、国防资源和宏观决策分析、武器装备发展趋势和国防科技工业能力分析等。

在规划计划制订中,可以将体系结构方法应用于军事需求和作战能力分析、现有系统基本能力分析、新研项目及其投资决策分析、一体化计划和技术嵌入及演进分析等。

在武器装备研制中,可以将体系结构方法应用于武器装备需求分析、作战对象和任务研究、系统开发和功能集成分析、主要战技指标论证等,可以为系统的开发、测评和验收提供标准。

在武器装备运用中,可以将体系结构方法应用于作战计划制订和执行、作战概念和战术技术规程研究、演习计划制订和执行、组织设计、通信计划、业务流程改进等。

2001 年和 2003 年,美国防部分别开发了《全球信息栅格体系结构》1.0 版和 2.0 版,并不断加以完善,有力地指导了全球信息栅格的建设。同时,它也确定了 2003 年之前和 2010 年的体系结构,涉及火力运用、非战争军事行动、指挥控制、通信与计算环境、情报侦察监视、后勤和部队保护 7 个联合任务域,以及人员与战备、医疗、财政和采办、技术与后勤 4 个功能域的体系结构,为其全球信息栅格的深入发展奠定了基础。

第二节　路线图方法

我们在制定规划计划和实施建设管理的过程中,经常会被一些问题所困扰:例如,发展目标与具体措施之间、中长期规划与年度计划之间,都不同程度地存在着某些相互脱节的情况;再如,不同部门按照各自的理解开展工作,缺乏必要的协调而事倍功半,等等。这些都是传统规划方式固有的局限性所带来的。理性的规划与变化的现实之间总是存在难以消除的"断层",导致技术与需求脱节、规划与实施脱节。尤其是在信息技术快速发展的今天,这种现象呈现出进一步加重的趋势,成为世界各国、各行各业共同面临的重大管理难题。如何更加有效地确定目标?如何更加合理地分工协作,形成合力?如何以更加开阔的视野,在更加广阔的范围内更多地整合相关资源,并为我所用,路线图思路和方法为我们提供了一套科学的解决方案。

一、路线图的基本内涵

纵观当今世界各国战略管理领域,路线图作为一种新型、实用的战略管理方法和工具,越来越受到各国政府、军队、部门和企业的高度重视,在战略规划、技术预测和项目管理领域中正发挥着越来越重要的作用。

(一) 路线图的基本概念

路线图本是一个地理上的概念。所谓路线,是指从一地到另一地所经过的道路,用来规定到达目的地的起点、终点、方向和路径。路线图是一种先进的规划计划方法和战略管理工具,主要用于对现实起点与预期目标之间的发展方向、发展路径、关键事项、时间进程以及资源配置进行科学设计和控制,并采取图表的方式进行形象表达,其要义是围绕目标任务,强调需求牵引,选择发展路径,明确时间节点,对建设发展作出科学规划[1]。上述概念是对路线图在管理领域的界定和明晰,主要包括五个方面的内涵:

路线图是一种管理工具。可以广泛运用于各种具体的业务领域。由于不同领域的现状、目标、方向、路径存在较大差异,路线图的具体运用也会有不同的思路和模式。

路线图是一种发展过程。路线图不仅包括起点和终点,更重要的是,它明确了从起点到终点的方向和路径,设计了随着时间向前推移的各个节点,涵盖了事物发展的主要进程,是连接现实与未来的纽带。

路线图是一种综合集成。路线图充分考虑了影响和制约事物发展的各种重要相关因素,并将各种相关因素放在同一环境中通盘考虑,使管理人员对事物发展的相关性有更加深刻的认识,有效防止顾此失彼的问题。

路线图是一种图表结构。路线图不仅仅是一张图,而是通过一系列图表和文本,对事物发展的要素、方向、顺序、路径进行综合表达,给人"会当凌绝顶、一览众山小"之感。

路线图是一种操作依据。通过量化的方式,对事物发展进程中的重要工作和项目进行较为精确的描述,从而为管理者在操作中提供较为具体的参照和依据,达到准确控制的目的。

---

[1] 国防大学科研部. 路线图——一种新型战略管理工具[M]. 北京:国防大学出版社,2009.

(二) 路线图的构成要素

路线图一般包括目标愿景、发展思路、需求分析、发展环境、发展内容、重大任务、时间阶段、发展路径、保障条件和配套措施十大要素[1]。但在实际工作,可以根据需求,对这些要素进行取舍或整合。

1. 目标愿景

目标愿景是在综合分析信息化建设现状、支撑条件、作战需求以及安全环境等因素的基础上,所确定的一定时期内要达到的预期目标。由于军队信息化建设涉及多个领域且处于动态发展过程之中,因此,应分层次、分领域、分阶段确立目标愿景。

2. 发展思路

发展思路是对信息化建设发展问题的根本看法的具体体现。发展思路决定着信息化发展原则、重点和措施等问题。不同国家的军队对信息化建设发展的认识有差异,其信息化发展思路也不尽相同。如美军采取是信息技术引领信息化武器装备发展,进而进行整体转型的发展思路;我军采取是的机械化与信息化复合发展、有机融合的发展思路。

3. 需求分析

需求分析主要是针对目标愿景与建设现状之间的差距,找出薄弱环节,对建设发展提出具体需求和量化指标。需求分析应尽量定性与定量分析相结合,使需求与发展紧密结合。例如,对于计算机普及应用的需求,当前计算机终端普及率是××%,而预期到2020年底前普及率达到××%。

4. 发展环境

发展环境主要是对当前国际国内发展环境进行分析,如对国家发展安全状况、国家经济实力、信息技术发展状况、军事斗争准备、社会政治情况等进行综合分析。发展环境分析应站在战略的高度审视信息化发展的基础条件,找出优势领域并明确存在的瓶颈和短板。例如,信息化建设所处的发展环境包括世界、国家的信息化环境以及网络化社会环境等。

5. 发展内容

发展内容是对发展主题的具体细化,以形成建设内容体系。军队信息化是一个整体转型的过程,其发展内容是既相对独立又相互作用的有机整体,既要考虑相对稳定又要为活跃因素预留发展接口。我军信息化发展进程中,已经形成了军事信息系统、信息化主战武器装备系统和信息化支撑环境的建设内容体系。

6. 重大任务

重大任务是指信息化发展进程中的关键项目、重大系统、核心技术等重要工作。根据具体的建设任务,路线图中的重大任务需要具体明确,以提高路线图的具体工作指导性。

7. 时间阶段

时间阶段主要是对信息化发展进程进行阶段性划分。如我军现代化确定的"三步走"发展战略,我军制定的2020年前信息化规划纲要,都对时间阶段进行了明确。

---

[1] 国防大学科研部. 路线图——一种新型战略管理工具[M]. 北京:国防大学出版社,2009.

8. 发展路径

发展路径主要是依托现实条件，瞄准目标任务，选择实施预期愿景的方法和路子。由于信息技术发展迅速，再加上其渗透性和融合性影响，使信息化发展有多种发展路径可以选择，这需要把握技术发展趋势，分析作战需求变化，对各项发展内容做好工程化推进方法选择、优先顺序确定和时间节点安排。

9. 保障条件

信息化是一项复杂的系统工程，其实现需要大量的人力、物力、智力、信息等方面的条件作支撑，并对这些资源进行统筹安排。

10. 配套措施

配套措施主要是为顺利实现目标愿景，对影响发展的相关因素所采取的促进、限制等措施，以形成有利于路线图实施的良好环境。

（三）路线图的主要特点

1. 前瞻性

制定路线图的一个重要目的是预测未来，它通过规范的方法和程序，集中本领域多位知名专家的意见，以过去或现在情势的事实资料为基础，根据反映这种情势的发展趋势的科学理论或假说，逻辑地推断未来，特别是提出各方面达到技术、产品、项目等预期目标需要经过的路径。

2. 直观简洁

路线图通过一组图形和表格，以及丰富的数据和简洁的文本，使复杂的事物和问题变得简单明了、清晰易懂。路线图是用简介的形式概括大量的内容，不只包括最终的图表文字，也包括研究的过程和背后丰富的材料。

3. 系统综合

路线图将事物的结构、层次和功能等各个方面聚合成有机的整体，便于从全局上把握事物的发展规律。描绘路线图需要综合大量信息，运用各种各样的研究方法，结果简单而过程复杂。

4. 量化精确

路线图采用数学方法和逻辑思维，精确描述宏观、中观和微观现象的运动规律，使事物的发展更加精确可控、操作性强。路线图提出的目标明确、安排的任务具体、实施的步骤清晰，便于对事物的发展进行有效的监控和评估。

5. 动态灵活

随着时间的推移、技术的进步和环境的变化，路线图可动态更新、滚动完善。

二、路线图的表现形式

路线图的表现形式多种多样，并不局限于图、表或文等中的某一种，多数情况下是图、表、文三者的有机结合。常见的表现形式有层次型、长条型、表格型、图解型、流程型等。

（一）层次型路线图

层次型路线图是路线图中最常见的形式，它将路线图的多种要素综合起来，设置多个层次,包括若干总层次和分层次、子层次或者亚层次。这种路线图可以用来研究每一个层次内部的演变以及各层次之间的相互依赖和相互关系,有助于促进多个层次之间的融合。图 6-5 是美国陆军战略结构路线图,是一种典型的多层次路线图。这个路线图将资源投入、内部流程、持续能力、核心竞争力等影响和制约美国陆军未来发展的诸要素集成到一起,绘制了共 6 层的路线图,清晰表达了陆军战略的结构体系及相互关系。

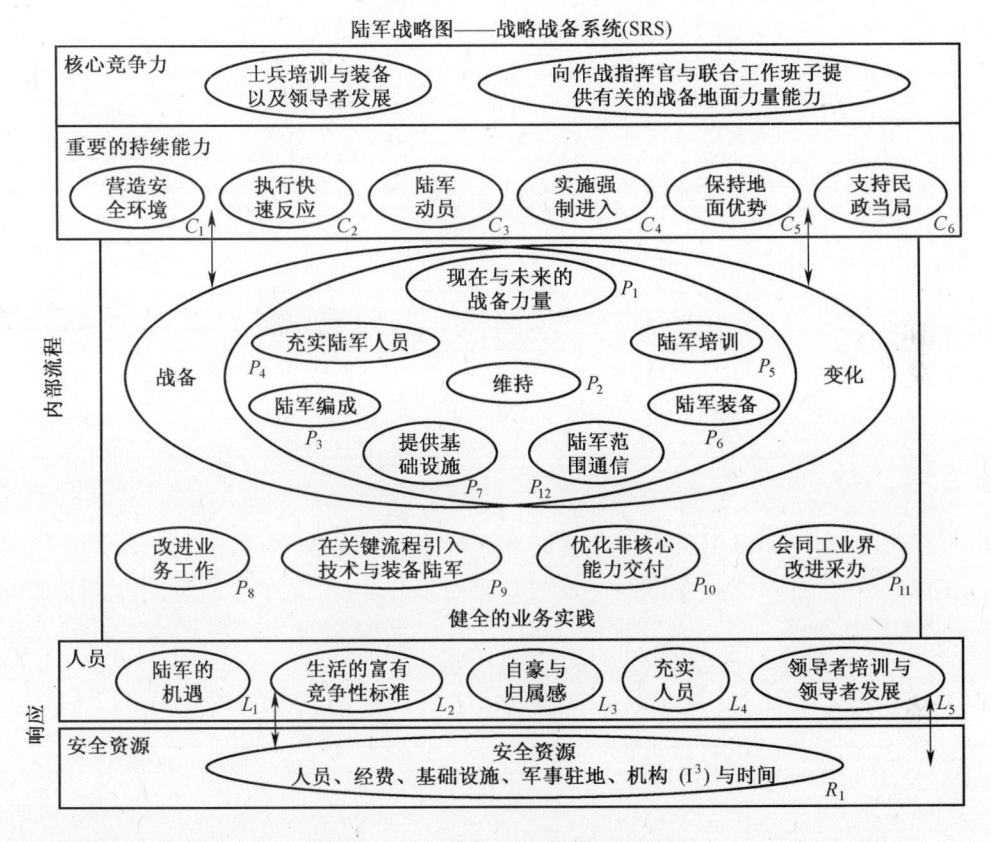

图 6-5　美国陆军战略结构路线图

(二) 长条型路线图

长条型路线图是将并列的要素在一张图里表示其进程和先后顺序,使意思表达清晰直观,便于掌握多个要素的总体进程。这种路线图用每个层次或者子层次的一组条形图来表示,它的好处是简化统一、清晰直观,便于促进交流与沟通,并有助于路线图制定软件的开发。条形图表示的各个领域一般多为并列的要素。图 6-6 是美军无人机任务分配路线图,属于典型的条型路线图。从图中可看出,每一个条形都代表一种无人机型的任务分配,通过这个路线图,对各类无人机的任务发展路径进行了清晰规划。

(三) 表格型路线图

表格型路线图是以表格的形式表示事物发展的标准、进程和路径,其轴线一般以时间

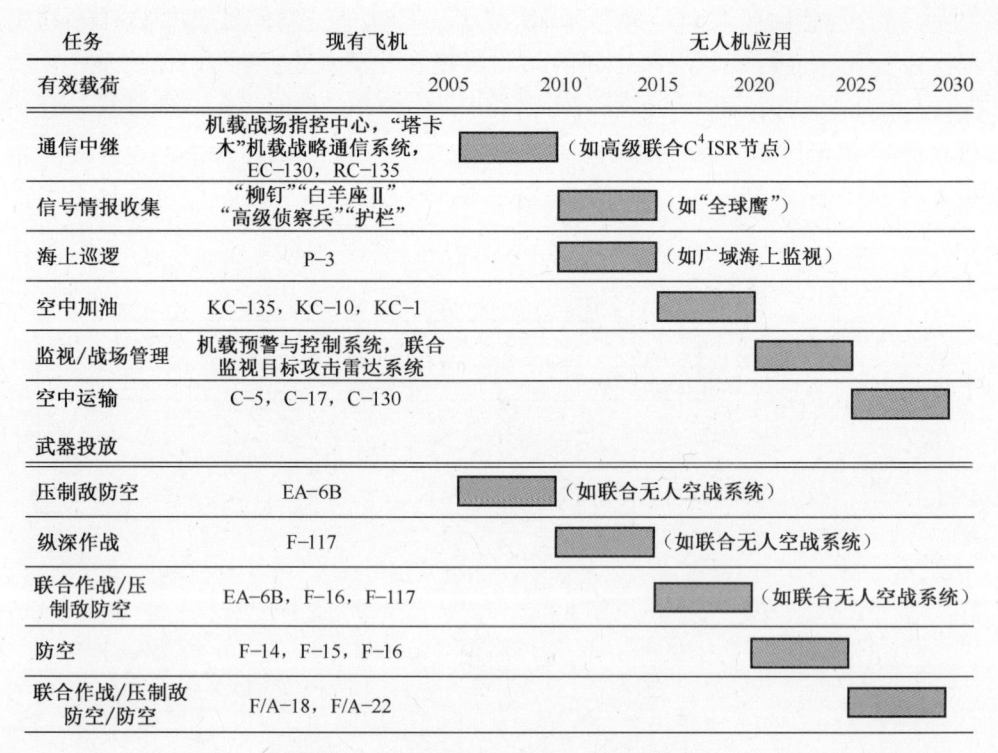

任务	现有飞机	无人机应用
有效载荷		2005　2010　2015　2020　2025　2030
通信中继	机载战场指控中心，"塔卡木"机载战略通信系统，EC-130，RC-135	（如高级联合C^4ISR节点）
信号情报收集	"柳钉""白羊座Ⅱ""高级侦察兵""护栏"	（如"全球鹰"）
海上巡逻	P-3	（如广域海上监视）
空中加油	KC-135，KC-10，KC-1	
监视/战场管理	机载预警与控制系统，联合监视目标攻击雷达系统	
空中运输	C-5，C-17，C-130	
武器投放		
压制敌防空	EA-6B	（如联合无人空战系统）
纵深作战	F-117	（如联合无人空战系统）
联合作战/压制敌防空	EA-6B，F-16，F-117	（如联合无人空战系统）
防空	F-14，F-15，F-16	
联合作战/压制敌防空/防空	F/A-18，F/A-22	

图 6-6　美军无人机任务分配路线图[①]

为准，主要用于要素的发展目标、特性或绩效等容易量化的领域，或者各种活动集中在某些特定时间段发生的情况。表格型路线图的运用十分广泛，几乎每一种路线图中都会或多或少地运用到各种表格。表 6-1 是 2005 年日本版安装技术路线图中的印制电路板（PCB）技术路线，这就是一种典型的表格型路线图。

表 6-1　刚性 PCB 材料的玻璃化温度（℃）

项目	2004 年	2006 年	2008 年	2010 年	2012 年	2014 年
单面板	130	130	130	130	130	130
双面板	150	160	160	165	165	165
多层板	190	190	200	200	200	200
积层多层板（无增强材料）	190	190	200	200	200	200
积层多层板（含增强材料）	190	190	200	200	200	200
积层多层板芯层材料	190	190	200	200	200	200

（四）图解型路线图

图解型路线图是指采用简单的图形代表发展领域的各项子领域、任务、项目等主体，并将其发展过程直接在图中表达出来，通常标示明确的注解和说明。一般而言，在路线图

---

① 殷铭燕. 2005—2030 年美国无人机系统发展路线图[M]. 海军装备部航空装备科研订货部, 海军装备研究院科技信息研究所, 2006.

发展各项指标可以量化的情况下,路线图就可以用简单的图来表示,通常每个子层次用一个图来表示,这种类型的图有时也被称之为经验曲线。图 6-7 是美国陆军提出的部队结构转型路线图,就是一种简单的图解型路线图。从图中可以看出,这个路线图运用了简单的图示方法,描述了链接今天与未来的纽带是完全网络化的作战指挥,以及通过提升一体化、远征作战、网络化、分散化、适应能力、决策优势、致命性等能力实现转型目标,还描述了陆军转型的关键包括快速反应、部署能力、灵活性、多功能性、致命性、生存能力、持续能力等,以完成未来的联合作战任务。

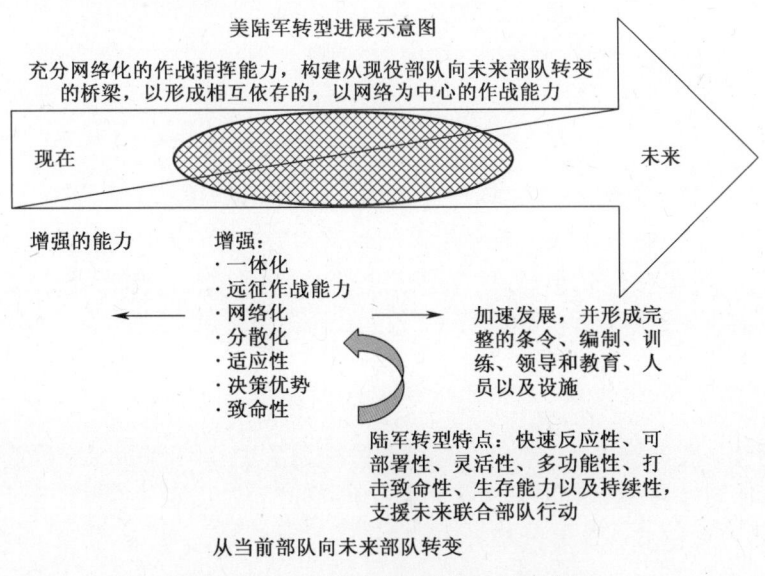

图 6-7 美国陆军部队结构转型路线图

(五)流程型路线图

流程一般包括五个要素:一系列的活动;有先后顺序的执行;活动之间有逻辑关系;涉及多个人或部门;有共同的目标。如果将这些关系用一张图表示出来,就是流程图。在路线图中,流程图作为一种特殊类型的图,它一般用来把目标、行动和结果联系起来。如图 6-8 就是石油石化行业技术研发阶段流程示意图。从图中可以看出,石油石化行业技术路线图中的研发活动全过程可以分为四个里程碑,即应用基础(理论)研究→技术原型开发→中试(现场试验)→工业化试验的全过程,每一个阶段都有显著的标志和特点。

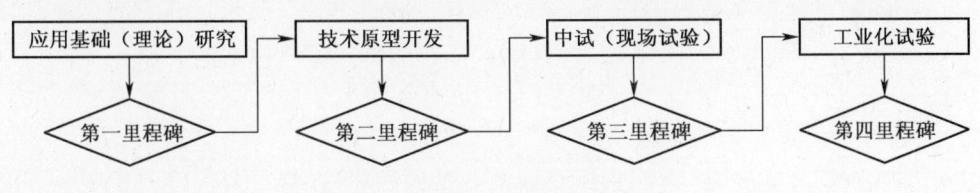

图 6-8 研发阶段流程示意图

三、路线图的战略价值

路线图作为一种理念先进、程序规范、简便可行的战略规划工具,其基本功能就是解决需求与技术、规划与行动脱节的问题。特别在解决当前定性描述多，定量分析少，缺乏对技术路径的对比分析和科学选择，缺乏可信可操作的具体需求指标，以及对关键技术和重点领域可能走向的预测把握等方面的问题时，路线图具有独特的功效。

（一）多方协调的纽带功能

路线图具有显著的纽带功能，可有效地将管理部门、科研机构、生产企业等多方的意见和需求链接起来，成为需求牵引和技术推动的纽带、战略规划与实施方案的纽带、整合多种资源的纽带，从而推动战略管理模式的创新与发展。

（二）决策支持的规划功能

路线图作为一种创新性的管理工具，同样具有战略管理功能，能够为国家、政府和军队的宏观决策提供重要的参考和依据。一张科学的路线图，可以对某一重大领域的现状、趋势和未来进行综合管理，对提高战略决策的质量和层次，具有重要支撑作用。从路线图运用领域来看，无论是在国家层面、行业层面、还是企业或单位层面，路线图对各级的战略决策都有巨大的决策支持功能。

（三）整合资源的统筹功能

路线图具有显著的统筹整合功能，有利于对保证实现战略目标的多种资源进行系统整合。由于路线图按照时间序列给出了不同发展阶段的发展重点、发展路径、实现时间、资源保障等，可以按照战略发展过程的不同阶段，合理配置人力、物力、财力资源，实现对未来风险、现有资源、发展目标、经费投入等各种资源的有机整合。

（四）实施过程的控制功能

路线图由于其具有路径性、里程碑性、可操作性，从而具有战略实施、项目开发、系统整合等实施过程中的综合控制功能。通过方法和配套的规范程序，能够把过去、现在和未来的发展信息以及各方面专家的意见综合起来形成战略性分析，实现对决策过程的科学控制，有效解决决策的科学化、民主化问题。

四、路线图的方法指导

路线图的制定是一项复杂的系统工程，必须按照科学的程序、采取科学的方法进行规范制定，才能确保制定出来的路线图方向准确、目标清晰、实用可行。

（一）路线图制定流程

由于路线图的种类较多，不同领域路线图的结构和表达方式不同，其制定主体和使用对象也有较大差异，因此，各类路线图的制定过程往往各有特点，但总结各类路线图的制定程序，大多具有类似的基本流程。根据路线图发起、研究、制定的过程，可以将路线图制定的基本流程分为三个阶段18项工作，如表6-2所列，其中第二阶段是路线图制定的核心部分。

表 6-2　路线图的制定流程和任务表

阶段划分	主要工作任务
准备阶段	确立路线图主题、组织准备、理论准备、信息准备、保障准备、材料准备、计划拟制
制定阶段	现状分析、需求分析、时间分析、目标分析、问题分析、任务分析、路径与模式分析以及绘制路线图
整合阶段	征求意见、评估实施效果、修正路线图

制定路线图的一些关键环节，影响着路线图质量的高低，这些关键环节主要是：成立路线图制定团队、信息准备、需求分析、目标分析、问题分析、任务分析、路径分析和绘制路线图等。

1. 成立路线图制定团队

路线图制定团队一般由领军人物、核心小组、支持团队构成。其中，领军人物负责协调路线图制定过程中涉及多部门、多领域的关系，应是在相关机构担任领导职务的人。比如我军信息化路线图的制定，就是由总参相关领导担任领军人物；核心小组成员来自路线图各相关领域的领导、参谋和技术人员，负责制定路线图并协调相关关系，其成员可根据需要进行调整；支持团队由相关指挥人员、技术人员、参谋人员和工作人员组成，主要负责作战指导、技术咨询和各类制定保障工作等，除部分工作人员相对固定外，多数支持团队人员可临时抽调，并可采用电话、网络、传真等多种手段联系。另外，为了提高路线图制定的科学性和针对性，还可成立相应的专家委员会，成员包括部门领导、技术专家、军事专家和关键领域负责人等，以加强军事、技术、政治、经济和社会等方面的指导。

2. 信息准备

路线图制定是未来发展方向的战略规划，需要大量实时、可靠、全面、超前的信息，包括军事斗争准备、信息技术发展、社会经济实力、军队信息化建设现状等各个方面。信息准备要重视两方面的工作，一是深度调查研究，通过一线跟踪、专家咨询、问卷调查等形式，掌握相关领域的发展状态、发展前景和未来趋势；二是各类资料分析，将从公开渠道、内部渠道和调查研究获取的各类资料进行综合分析，形成综述性总结和结论。信息准备工作通常由核心小组人员和支持团队成员共同完成。

3. 需求分析

主要是针对路线图主题涉及的建设现状、发展趋势、关键技术、支撑环境等进行分析，确定本领域发展需求。需求分析应采取定性与定量相结合的方法，把信息化建设需求以明确的指标表达出来，并将现实情况与未来需求做出对比。可采用绘制雷达图的方法，将不同领域的现状与需求表示在同一图中，直观查找发展中存在的明显弱项和短板。需求分析工作除核心小组人员参加之外，还需要各部门领导、科研院所相关负责人以及路线图制定专家委员会成员参加。

4. 目标分析

主要是综合信息化建设现状、发展趋势和需求分析等情况，确定发展目标。发展目标包括总体目标、阶段目标和具体目标。如我军信息化发展路线图中，在明确2050年"建成信息化军队、打赢信息化战争"的基础上，确定了2020年前的阶段目标，还对信息基础支撑、指挥控制、侦察预警、信息化武器装备等领域的发展目标进行界定。目标分析中一项重要的工作是需求要素与目标关联度分析。通常首先采用专家评议法,确定各目标要素的优选排序;再建立需求要素与目标要素的关联分析矩阵,最终获取与需求紧密结合的目标要素优先顺序。其关联矩阵如表6-3所列。目标分析工作除核心小组成员参加外,还需要各部门领导、科研院所相关负责人、路线图制定专家委员会成员参加。

表 6-3　需求要素与目标要素的关联矩阵表

目标要素＼需求要素	R_1	R_2	R_3	R_4	R_5	R_6	…	评价值	优先顺序
G_1									
G_2									
G_3									
G_4									
G_5									
…									

5. 问题分析

主要根据目标体系,分析影响实现发展目标的相关问题,识别确定应优先解决的主要问题,并分析判断实现主要问题的关键点和难点,为最终实现目标打下基础。问题分析工作除核心小组成员参加外,还需要各部门领导、科研院所相关负责人、路线图制定专家委员会成员参加。

6. 任务分析

主要确定为实现发展目标需要完成的重大任务和需要实施的重点工程,并明确承担任务的主体,界定各任务实现的时间节点,并对实现任务的风险、效益进行科学分析。任务分析工作除核心小组成员参加外,还需要各部门领导、科研院所相关负责人、路线图制定专家委员会成员参加。由于涉及到相关建设任务的分配,以及稀缺资源的调配,还需要制定路线图的领军人物参与此项工作。

7. 路径分析

为实现同一目标,可能有多种发展模式和建设项目,这需要对基础条件、发展环境、支撑技术和作战需求等进行综合分析。发展路径从不同的角度看有不同的类型,如跨越式、渐进式、迭代式等,但究竟采取哪种发展路径较为适合,需要边实践边调整。路径分析工作除核心小组成员参加外,还需要科研院所相关负责人、路线图制定专家委员会成员参加。

8. 绘制路线图

绘制路线图首先需要确定路线图的定位,通常是将多层型、长条型、表格型、图示型和绘画型等多种类型融合为一体,并用图形、表格和文字相结合方式描述出来。若是一项复杂的工程,必要时,可将发展路线图、技术路线图、转型路线图以及风险/效益路线图全部绘制出来,以便对具体工作起到全面的指导作用。绘制路线图工作通常由核心小组成员在路线图制定专家委员会的指导下完成。

(二)路线图方法运用

从实践看,路线图可以应用于多个领域、多层管理的整个过程,包括战略规划、系统规划、技术规划、方案选择、资源配置、风险决策以及技术评估等。

1. 用于战略总体规划

路线图作为一种综合性的战略规划工具,特别适用于宏观的战略规划行为,可以帮助国家、政府和军队更好的把握未来的战略环境、市场竞争、军事需求等,以确定未来的方向、项目、装备、产品等,并就一些关键事项的发展,提出未来的总体规划。例如,在技术路线图领域,Robert Phaal(2004)认为,技术路线图是一种非常灵活的技术,已经被国家、行业、企业广泛应用于长期战略规划。它提供了一种结构化和图示化的方法,有效地规划出一段时间内不断发展变化的市场、产品和技术之间的关系。如激光打印机技术在英国的兴起和应用,很大程度上得归功于众多企业应用技术路线图进行战略规划。2004年,美国罗彻斯特大学技术学院J·James博士使用技术路线图规划出了美国从现在到2020年的能源消耗路线,其中涉及到太阳能技术、风能技术等,取得了较好效益。

2. 用于实施方案优选

路线图可以帮助领导机关、管理人员、技术人员以及工业生产等各方面利益相关者,就用户的需求和满足这些需求的方向、技术、项目、系统等达成一致,它提供了一种机制和流程来帮助专家预测目标领域的发展前景,并提供一种识别、评价和选择多种方案的新方法,从而选择出最能满足用户需求的发展方案。路线图方法实际上实现了方案的经济学分析。

3. 路线图应用于预算投入决策

路线图在管理和规划方面还有一个最大的用途,就是可以为各领域的经费预算制定合理的分配方案提供更好的工具,为各方面的预算投入分析决策提供重要信息支撑。比如,在技术路线图使用领域,技术路线图能够鉴别出满足产品目标性能的关键技术或技术差距,然后通过调整技术研发活动来调节研发投资与分析。技术路线图对于行业领域的技术规划尤为有效,它可以有效避免相同技术的重复投资,将有限的资金集中于核心关键的技术领域。

4. 用于战略执行评估

在战略评估领域,路线图也可以广泛运用,用以帮助识别战略行动的偏差,及时对战略行为与效果进行评估。比如,工业领域主要关注于市场,而科学领域则更多的关注于科学研究和未来应用的问题。技术路线图作为一种技术评估工具则正好承担了这个联系研究和应用的决策。主要有两类方法:第一类是先列出研究活动试图实现的各种特殊功能,然后设计规划一系列产品蓝图来综合上述的各种特殊功能。第二种方法是先提议一些应用的思路,将这些思路作为技术路线图的起点,然后调查是否有可行的技术措施,以及实现这些应用需要解决什么问题,所以可以称这种方法为回溯法。德国技术评估和系统分析研究院(ITAS)就将技术路线图作为一种技术评估工具来评价纳米技术的潜在价值,为政府的政策制定和企业的战略决策提供服务。

5. 用于装备(产品)开发

无论是经济领域,还是在国防和军队建设领域,经常需要安排一些重大装备或产品的开发与生产,需要综合考虑需求、资源、技术、人力等多种因素,而运用路线图就可以实现重大装备或产品的顺利开发。比如在生产领域,通过将技术路线图用于产品开发,改变原有基于资金的技术开发模式,综合考虑市场、资源、技术等各方面的因素来选择产品开发方案。一是技术路线图用于产品开发战略的制定。技术路线图的绘制是一个信息融合的过程,可以将商业和技术整合在一起,将企业商业发展战略和产品技术特征联系在一起,通过显示产品和技术之间的相互联系来制定技术发展战略,同时考虑技术和产品的近期发展和长远规划。二是技术路线图用于产品开发的管理。在产品开发计划管理方面,技术路线图用一种易于理解的图示方式确定需求、识别差距以及产品的优劣势,有利于企业间的产品开发合作。摩托罗拉公司作为技术路线图的创造者,它系列产品的成功开发很大程度上得益于技术路线图的应用。它绘制出了许多产品技术路线图,并将它们整合在一个平台上,促进了相同技术的跨部门利用,降低了产品的复杂性和开发成本,缩短的开发周期。

6. 用于重大项目安排

路线图作为一种项目规划工具,可以帮助确定重大项目需要的技术能力、资源分配、进程控制、时间节点等,制定严格规范的项目实施计划,从而确保各种资源在需要时可以及时获得。比如,在技术路线图领域,技术路线图用时间规划的方式将应用研究、开发实践和产品特色的需求结合起来。标明并重点关注最困难的技术问题以及时展开有针对性研发活动,检查并解决项目中最需要解决的问题。如2000年6月,美国Idaho国家工程和环境实验室将技术路线图应用于支持具体项目的组织规划,取得了显著成效。该实验室与美国Idaho环境质量部就清理核反应堆实验遗留下来的废弃物项目达成协议,处理700多辆坦克、未用过的装置以及含有放射性材料的遗留物。实验室应用了技术路线图方法分析工作需求,标明并对最困难的问题进行排序,然后及时开展研发活动,绘制出了废弃坦克特征路线图,成功的描述了700多辆废弃坦克的具体特征,大大方便了这些带有放射性危险物质的清除和处理。

7. 用于其他领域范围

实践证明,路线图的应用范围十分广泛。目前,路线图不仅广泛应用于技术开发、工业生产,还应用于行业研究,如美国石油组织(API)于2000年绘制出了石油工业的技术路线图,描绘了2020年美国石油工业的情况。此外,路线图还可以应用于政府管理,如美国能源部环境管理办公室将技术路线图应用于环境管理,Brent Dixon还提出了将科学技术路线图应用于环境管理的指导方法。路线图还渗入到了我们的日常生活中,欧洲科学技术观测局(ESTO)2003年的一份报告中,就绘制出了与我们日常生活密切相关的住房供给、交通运输、购物和商业、教育和学习、文化休闲和娱乐、健康等方面的技术路线图。

第三节 综合集成方法

综合集成是信息化社会的特征,是系统科学方法论,是建设信息化军队的基本途径。在以信息化为主旋律的新军事变革中,综合集成以其先进的理念、创新的思维和科学的方法,在军队以战斗力诸要素有机整合、指挥控制一体化、信息资源融合、体系结构优化等为重点内容的信息化建设中,发挥着重要作用。

一、综合集成的基本内涵

综合集成,是一种指导分析复杂系统问题总体规划、分步实施的方法和策略。从学科分类上看,是系统科学体系的重要组成部分;从实践运用上看,是解决开放性复杂巨系统问题的重要方法论;从发展过程看,是一个与时代紧密相关、不断发展完善的应用指导理论。

(一) 综合集成的基本概念

"综合"和"集成"是同义词的叠用,为强调其内涵与作用,人们习惯于重叠使用,即"综合集成"。中文的"综合集成"与"一体化",其内涵有相似之处,也有不同的含义,但都是相互关联的。"一体化"在系统设计中,表示一种系统的顶层设计思路;而在"综合集成"工程中,"一体化"是表示通过综合集成而实现的某种目的或目标。"综合集成"是使复杂系统实现整体优化的系统科学思想和工程技术方法,其实质是把专家体系、数据和信息体系以及计算机体系有机结合,把科学理论、科学技术与人的实践经验紧密结合,构成一个高度智能化的人机结合、人网结合的系统,用以解决复杂系统问题[①]。它的成功应用就在于发挥这个体系的综合优势、整体优势和智能优势。它能把人的思维、思维的成果、人的经验、知识、智慧以及各种情报、资料和信息统统集成起来,从多方面的定性认识上升到定量认识。在科学思想上是从整体上指导、解决复杂系统问题的思想方法和策略,是系统科学思想的本质体现。在工程技术角度是利用信息和信息技术的渗透性、共享性、联通性、融合性,将分散系统集成为一个联系紧密、结构优良、机能协调、整体效能最佳系统的过程。其目的是实现系统的整体优化和一体化。军队信息化建设的综合集成,就是运用现代军事理论、系统科学思想方法和信息技术,实现体系结构优化和单一系统能力提升的统一,实现信息融合与信息系统融合的统一。

(二) 综合集成的内涵特征

综合集成,不仅仅是一个单纯的技术问题,而是理论、方法、工程与技术的有机结合和高度统一,是一种指导分析复杂系统问题的总体规划、分步实施的方法和策略。从一定意义上说,综合集成是一种创新的思维方式,也是认识论和方法论的辩证统一体。

1. 实质是有机整合

综合集成是信息时代军队作战诸要素有机整合的基本途径。由于军队系统是一个典型的复杂巨系统,它本身就具有科学和经验的本质。因此,军队系统的综合集成,实质就是适应信息化战争体系对抗的基本特点,研究解决联合作战、军队体制编制和军队信息化建设等复杂系统的问题。综合集成的基本途径是以信息技术为基础,综合运用系统论、控制论、系统工程、网络互联、技术一体化等综合集成的理论方法,既要对军事理论、武器装备、军事人员和体制编制等军队四大基本要素进行集成,又要对军事信息系统、作战指挥控制系统、武器装备系统等基本作战系统进行集成;既要对军队"有形要素"进行集成,又要对军队"无形要素"进行集成,按照新的功能目标,通过调整、优化、改造、组合,构建体制优化、高度聚合、相互支撑、功能性强的大系统,最大限度地提高军队信息化条件下联合作战能力。

2. 核心是信息融合

信息融合是综合集成的基础和纽带。军队综合集成,关键是要将各要素、各单元、各个环节单一、分散、独立的信息系统有机融合起来,形成一体化综合信息系统,从而使战

---

① 邓立杰,杨清杰. 军事信息系统综合集成研究[M].北京:海潮出版社,2011.

略、战役、战术力量和指挥控制、预警探测、情报侦察、通信、电子对抗等子系统融合集成为有机的统一体,建立适应信息化战争需求的联合实体,形成一体化联合作战能力;信息融合是综合集成的内在动力。军队系统综合集成的过程,从技术层面上看,是在军队各个要素、环节、单元,大量嵌入、吸收以信息技术为核心的新一代信息技术,不断提升装备设施的信息综合能力和技术基点,提高系统以信息化为核心的科技含量,并利用信息技术的融合交链特性,实现体系信息共享、系统融合。从部队建设和军事斗争准备的层面上看,信息融合是推进部队整体保障能力的提高,加速军队信息化建设的可持续发展,增强一体化联合作战能力的根本动力。

3. 着眼点是优化体系结构

优化体系结构是综合集成的基本任务。结构决定功能,组织决定系统的能量。按照系统科学这一基本原理,在世界新军事变革的大潮中,各国都把优化、整合军队体系结构,放在质量建设的重要位置上,作为军队转型建设的基本任务。适应信息时代的发展和信息化战争的需要,按照有利于信息效能的发挥、有利于作战能量的释放、有利于遂行信息化作战任务的要求,通过综合集成的方法途径,对军队规模、体制编制、指挥层次等体系结构的基本要素进行优化整合,取得了显著的成效。在体制编成上,向小型化、模块化、一体化和多能化发展;在指挥体制上,由纵长形"树"状向扁平形"网"状转变;在部队规模上,压缩数量、提高质量,由规模数量型向质量效能型转变;在结构功能上,由注重陆军建设向注重诸军兵种全面发展转变;在力量建设上,由注重机械化和打击火力向注重信息能的利用、机械化信息化全面发展转变,探索了信息时代军队转型建设的新途径,基本适应战争形态由机械化向信息化转变的需要,有效提高了信息化条件下整体作战能力。

4. 目标是提升综合能力

提升系统能力是综合集成的基本属性。系统科学原理认为,综合就是创新,集成产生新能量。综合集成,就是要通过对不同层次、不同学科、不同领域的技术、信息、知识和经验的综合集成,充分发掘系统各要素的内在潜力,发现内在规律和发展动因,寻求复杂巨系统能量提升和创新的最佳途径和方法,实现整体大于部分之和基本目标。具体就是采取还原论与整体论方法相结合,定性与定量分析相结合,局部描述与整体描述相结合,理论方法与经验方法相结合,精确方法与近似方法相结合等具体的科学方法,研究解决复杂巨系统问题,从而发现新规律、增加新功能、取得新成效,提高系统的创新能力,寻求系统能量新的增长点,推进系统高效运转和科学化管理。

(三) 综合集成的主要内容

综合集成的内容通常包括数据和信息集成、技术集成、系统集成、功能集成、硬件集成、软件集成、人和组织机构集成等内容[①]。

1. 数据和信息集成

数据和信息集成是指将相关的多种数据源和分布于多种操作系统内的信息综合集成为一体。具体讲,就是将战略、战役、战术信息,指挥控制、情报侦察、预警探测等信息,陆、

---

① 中国人民解放军总参谋部信息化部. 指挥控制系统[M].北京:解放军出版社,2014.

海、空、天、电、网等信息进行集成,使用户能够实时地存取异地的或分布式的信息,进而增强信息的互操作和共享能力,提高数据指挥效能。

2. 技术集成

技术集成通常是指在现有技术的基础上,综合集成或嵌入相关的新技术,使装备具有新的功能。比如,在现有的战术电台基础上,集成分组无线电技术,使现有电台具有分组无线电数据组网能力。

3. 系统集成

系统集成是站在系统用户最高层领导的角度,将完成各方面功能的诸多系统作为分系统集成起来,形成一个有机的整体,构成一个由诸多分系统有机构成的更大的系统。系统集成是一种形成"系统之系统"的大范围、大规模的集成。比如,将分组无线电台网与地域通信网综合集成,提高一体化的通信保障能力和数据指挥通信能力。

4. 功能集成

功能集成是指按照作战使用需求,将相关的功能单元综合集成为一体。比如,将指挥、控制、情报、通信、预警探测等功能综合集成为一体,形成一体化的C^4ISR系统,增强一体化的指挥控制、协调能力。"木桶定律"说明了"最短板"的限制作用:功能不配套,是形不成战斗力的。例如雷达再先进,如果缺少先进的数据传输系统,照样不能发挥明显效能,这就需要为"最短板"集成新功能。

5. 硬件集成

硬件集成是指按照作战需求和用户需求,将信息系统中的计算机、工作站、服务器,网络及互联设备,外设、系统监控与运行保障设备,指挥控制、侦察监视情报、通信、军队政务和其他支援保障系统的硬件互联在一起的设计、选型和实现过程。硬件集成的重点在于解决硬件设备之间的互连问题。

6. 软件集成

软件集成是指系统软件和应用软件的集成。系统软件集成涉及操作系统、网络管理、数据库等内容;应用软件集成以通信服务、文电处理、图形/图像管理、表格服务、各种开发工具等为集成对象,它是作战与业务应用软件的直接开发平台。涉及对象包括网络操作系统、服务器操作系统、工作站操作系统、网络管理、数据库服务器等系统软件;数据库建模工具、客户端开发工具、底层开发工具、前端数据库开发工具等工具软件;文字处理软件、文电管理软件、电子表格软件、作图软件以及自行开发软件等应用软件。软件集成的任务是解决系统间的互通和互操作,以便构成良好的基本操作环境。重要的要求是解决异构软件相互接口的问题。而为了达到软件集成,必须保证选用的各类软件尽可能符合国家统一标准和开放的要求。

7. 人和组织机构集成

人和组织机构的集成是指人作为系统中最重要、最活跃因素的集成。因为先进的计算机技术被引入系统,会带来组织机构、人的权力和地位、人的心理、人际关系等方面一系列的变化,若不恰当处理,必将产生消极影响。据报道,国内外信息系统失效的原因有70%都涉及到人的因素。美国为此展开了重构工程,对组织机构进行改组,人员之间强调从上到下的纵向和同一层次上的横向两个方向上的集成;强调用户和供应者之间的良好合作;强调友好的人机界面和专家系统的引入。

二、综合集成的地位作用

在以信息化为主旋律的新军事变革中,综合集成以其先进的理念、创新的思维和科学的方法,在军队战斗力诸要素有机整合、指挥控制一体化、信息资源融合、体系结构优化等为重点内容的信息化建设中,发挥出重要作用,成为军队整体作战效能跃升的指导理论和有效途径。

(一) 综合集成是加速军队信息化建设的应用指导理论

军队信息化,是信息时代和信息化战争的必然产物,在现代军队体系向复杂大系统发展的大背景下,确立综合集成的思维理念,是具有时代特征的正确举措。军队信息化是一个复杂大系统,要使之高效、稳定运行,采用传统的观念、传统的方法已很难从根本上解决问题。综合集成的思维理念,坚持系统科学的基本原理,从思维观念上打破条条框框的束缚,抓住复杂大系统运行中"信息"这个最活跃的基因,以信息控制为主导,信息技术为纽带,信息网络为依托,通过对信息实施高效的融合控制,谋求系统内在结构和外在功能的有机统一,建立一体化的军事大系统,为形成系统整体合力奠定坚实基础。

(二) 综合集成是整合军队复杂系统的有效手段

在军事领域,综合集成突出表现为:运用信息技术、决策技术和系统工程技术,按照信息化战争要求和信息化军队建设模式,将情报侦察、指挥控制、武器打击和信息作战系统中的信息基础要素进行系统集成,使之成为互联互通、多维一体的公用信息平台;通过拆除"篱笆",整合"烟囱",加速作战指挥信息系统的综合集成;运用内部渗透、外部融合等方法,加速对现有武器装备的改造式集成,力争形成信息与火力高度融合、侦察打击一体化、打得远、打得准的信息化武器系统;通过功能优化、结构重组的方法,逐步实现军队建设模式向信息化转型。

(三) 综合集成是提高军队建设费效比的最佳方法

对现有系统进行集成改造,实现系统间的互联互通互操作,短时间内提高整体效能,是一条投资小、费时短、见效快的有效途径。世界各国都把进行一体化集成改造作为装备发展的捷径,在短时间内取得了事半功倍的效果,大大提高了整体作战效能,以较小的投资换来几倍、几十倍甚至上百倍的回报。进行信息系统与新型武器装备系统综合集成,其费效比低,这在当前我军军费比较紧张、技术更新换代快的情况下,更是一条符合国情、军情的装备发展之路。

(四) 综合集成是推进军队一体化建设的基本途径

综合集成是一门新兴的技术,其实质是通过对同一或不同属性的系统进行一体化融合,使之形成作用互补、作用力远大于各分系统作用力之和的综合性的新系统的过程。其在军事领域的广泛应用,可以最大限度地提升军队整体作战能力。因此,世界各国在军队建设中都十分重视系统集成工作。美军 C^4ISR 系统是把"新三位"凝聚成"一体"、形成强大的系统性整体力量的关键。2002 年 10 月,在美国陆军参谋部的一份报告中,更加明确地提出必须"用系统集成的理念和方法克服陆军转型中所存在的问题"。由此可见,系统的综合集成已成为推进军队信息化建设、提升军队战斗力的基本途径,受到各国的高度重视。

三、综合集成的方法指导

(一)综合集成基本程序

综合集成是一个多次迭代,程序化的分析、综合和决策的过程,按照"整体建设、协调发展、统筹效划、分步实施、急需先行、重点突破"的集成建设总体思路,其基本程序主要分为三个阶段,七个步骤,如图6-9所示。

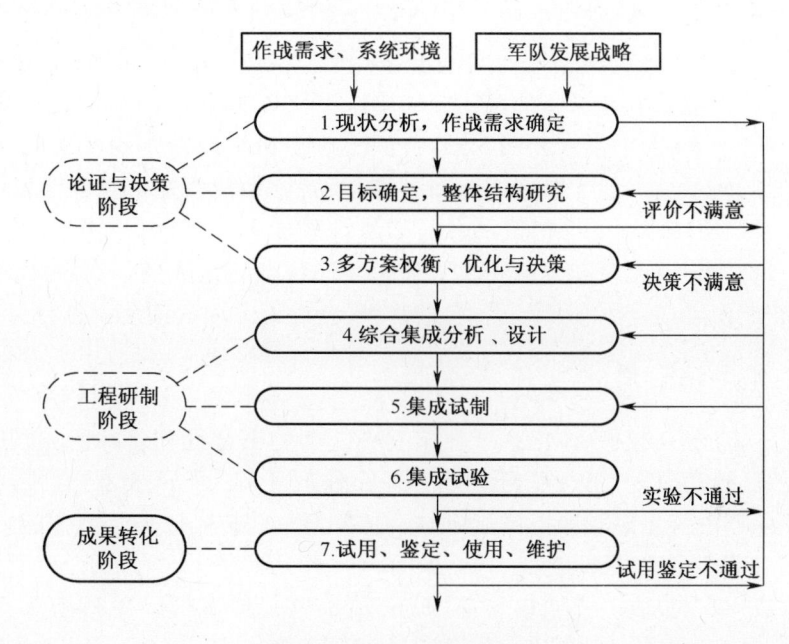

图6-9 综合集成基本步骤

1. 需求研究

需求研究,是信息系统综合集成的难点,也是最关键的一步,需求定位不准确将直接关系到系统集成的水平。因此,最好是通过成立以军事专家为主、技术专家和有经验的指挥人员参加的专门机构,来完成需求研究,而且要吸收借鉴外军经验教训,从我国国情和军情出发,加强信息系统集成的研究。它主要完成对信息系统建设现状、经费保障、人员保障等情况的准确分析、归纳总结,明确"现在有什么、发展方向是什么、建设需要什么"等问题,确定集成的整体和具体目标,目的是提出作战需求、系统需求和技术标准需求。一般由需求调查、需求分析与处理、需求确认三个阶段组成。其中作战需求是从作战用户的角度,描述作战过程、关系以及背景;系统需求是从系统建设的角度,描述系统的功能和相互连接关系;技术标准需求是从技术保障的角度,描述数据、信息服务和系统设计标准。

2. 方案论证与决策

方案论证与决策阶段,关键是要设计集成目标系统的体系结构。要展开对集成系统的整体谋划和设计。如果设计的体系结构方案不合理,则经过排序得到的所谓优选方案也没有太大意义,需要重新设计、优化和决策。体系结构方案是信息系统集成建设的方向标,直接关系到大系统是否稳定、信息流是否优化、系统是否具有扩展性、是否适合部队使用等。确定体系结构应结合组织指挥结构,这样才能使大系统既符合技术标准,又能适应作战需要,符合我军特色。

3. 工程研制

工程研制阶段,即根据给出的体系结构方案,把人、财、物等组成一个有机的整体,购置并安装一些设备,逐个模块地进行试验,自下而上地研制出整体系统,从而解决互联互通互操作问题。这个阶段包括综合集成分析与设计、集成试制和集成实验三个步骤。

4. 成果转化

集成后的信息系统必须经过一定时间的试用,待鉴定通过后才能投入大规模使用。在此过程中,试用单位需配合研究单位和设计单位根据效能评估指标体系、实施系统的效能评估,从运行管理、能力提供、经济效益等方面准确分析集成系统的优缺点。如果评测成果良好,也即集成系统实现了整体优化和一体化,各子系统间能够互联、互通、互操作,则进一步加大系统的应用范围,并推广使用;如果评测成果不好,则必须进行修改和积累相关数据,为系统的再次集成创造条件。这个阶段还包括对集成的信息系统的后期维护工作,包括不断地积累在运用、保障、运输、维修、安全性等方面的使用信息。

(二) 综合集成方法运用

为保证通过集成形成的一体化系统在作战中能力的聚合性和一致性,通常按照作战观察、判断、决策、行动(即 OODA 循环),将每一个作战环节的组成要素进行集成,在此基础上再对这些环节进一步集成和一体化,形成更高的聚合,提高一体化指挥能力。

1. 情报信息系统综合集成

在观察环节,综合集成的主要内容是"联合情报监视侦察"和"共用相关作战图"[①]。"联合情报监视侦察"是将各种侦察监视平台通过网络联结起来,并按照网络的方式进行管理,融合各种信息;"共用相关作战图"是将敌方、己方、中立方、气象和地理等方面信息集中在网页型的作战形势图中。前一种集成的目的是通过提高探测距离来提高有效打击距离;后一种集成的目的是促使参战部队更好地了解作战全局,为联合作战形成信息优势。

在判断环节,综合集成的主要内容是作战净评估。净评估是指针对决定着各国相对军事能力的军事、科技、政治、经济与其他因素开展的比较分析。美军认为,通过作战净评估,决策者可以从战略与战术级别了解和掌握作战任务互为补充的效果,以及应考虑采取的支援行动和任务。通过这一环节,使相关部队清楚地认识到效果与任务的战略性关联。

2. 决策信息系统综合集成

在决策环节,综合集成的主要内容是联合指挥与控制、跨部门协调行动和多领域作战行动。按照美军理论,广义上的信息有四个层次:数据、信息、知识和理解。前述观察环

---

① 张未平. 指挥信息系统体系作战结构研究[M]. 北京:国防大学出版社,2013.

节搜集数据并处理成信息,综合集成是形成信息优势;判断环节汇集信息并处理成知识,综合集成是形成知识优势;决策环节则是将知识转换为理解,即知其然且知其所以然,生成行动方案,最终形成决策优势。

具体来说,决策信息系统综合集成的核心思想是为联合作战、联合行动提供并行的、共同的、互动的联合计划作业环境和机制。这样,一是可以大大提高计划的速度,二是可以调动更大范围的知识以形成最优行动方案,三是可以通过形成的共识促进行动联合和一体化,从而产生决策优势。

3. 控制信息系统综合集成

行动是对敌作战的最终环节。在这个环节,指挥信息在陆、海、空、天和信息这五个领域的作战控制能力综合集成,在全域作战范围内制敌。美军作战理论认为,敌人躲避某一维进攻(如空中)时会暴露于另一维的进攻(如地面),如果将各个维度的进攻组合起来,就可以迫使敌人无处藏身。在这一理论的指导下,伊拉克战争一开打,美军地面部队就快速向巴格达推进,迫使伊军隐藏起来的重型装备和主力部队现身,使得它们不得不暴露在美军的空中优势火力之下。在上述过程中,综合集成的指挥信息系统要具备支持本质上联合,同时以效果为基础、以知识为中心的一体化作战指挥的能力,另外还必须考虑系统的信息融合结构等问题。

作 业 题

一、单项选择题

1. 最原始的、经典的体系结构框架是(　　)。
   A. Zachman　　　B. TOGAF　　　C. FEAF　　　D. DoDAF
2. 由两个或两个以上存在的、能够独立行动实现自己意图的系统或集成的具有整体功能的系统集合是(　　)。
   A. 系统　　　B. 体系结构　　　C. 体系　　　D. 体系结构框架
3. 用来规范体系结构设计、开发的形式和方法称为(　　)。
   A. 系统　　　B. 体系结构　　　C. 体系　　　D. 体系结构框架
4. 综合集成的实质是(　　)。
   A. 有机整合　　　B. 信息融合　　　C. 优化体系结构　　　D. 提升综合能力
5. 综合集成的核心是(　　)。
   A. 有机整合　　　B. 信息融合　　　C. 优化体系结构　　　D. 提升综合能力
6. 综合集成的着眼点是(　　)。
   A. 有机整合　　　B. 信息融合　　　C. 优化体系结构　　　D. 提升综合能力
7. 综合集成的目标是(　　)。
   A. 有机整合　　　B. 信息融合　　　C. 优化体系结构　　　D. 提升综合能力

二、多项选择题

1. 扎克曼框架的构成要素包括(　　)。
   A. 数据　　　B. 功能　　　C. 结构　　　D. 人员
   E. 时间　　　F. 目标

2. 路线图的主要特点包括(　　)。
A. 前瞻性　　　　B. 直观简洁　　　C. 系统综合
D. 量化精确　　　E. 动态灵活
3. 综合集成的基本程序划分的阶段是(　　)。
A. 需求研究　　　B. 论证与决策阶段　　C. 工程研制阶段
D. 成果转化阶段　E. 试用鉴定阶段
4. 综合集成的主要内容有(　　)。
A. 数据和信息集成　B. 技术集成　　C. 系统集成　　D. 功能集成
E. 硬件集成　　　　F. 软件集成　　G. 人和组织结构的集成

三、填空题

1. 体系结构是用来明确信息系统组成单元的_____及其_____,以及指导系统设计和演进的原则与指南。

2. 军队信息化建设管理方法,是指用来履行军队信息化建设管理职能,实现军队信息化建设管理目标,保证军队信息化建设管理活动顺利进行的_____、途径和_____的总称。

3. 路线图是主要用于对现实起点与预期目标之间的发展方向、发展路径、_____、时间进程以及资源配置进行科学设计和控制,并采取_____的方式进行形象表达。

4. 路线图可以应用于多个领域、多层管理的整个过程,包括战略规划、系统规划、技术规划、_____、资源配置、_____以及技术评估等等。

5. 软件集成是指系统软件和_____的集成。

四、简答题

1. 体系结构都有哪些表现形式?
2. 如何理解体系结构、体系结构描述和体系结构框架的概念?
3. 我军军事信息系统体系结构设计包括哪几个步骤?
4. 路线图一般由哪些要素构成?
5. 常见的路线图的表现形式有哪些?
6. 根据路线图发起、研究、制定的过程,可以将路线图制定的基本流程分为哪几个阶段?每个阶段都包含哪些工作?
7. 简述制定路线图的关键环节。
8. 综合集成通常包括哪些主要内容?
9. 简述综合集成的地位作用体现。

五、综合题

根据所学路线图相关内容,结合自身岗位情况,试绘制自己军事职业发展路线图。

第七章 外军信息化建设管理

军队信息化建设管理的深入发展,对各国军力的影响及推动作用巨大,世界各国高度重视军队信息化建设管理,部分发达国家的军队很早就开始了由机械化向信息化的转型,国外军队的转型在目的上和内容上与我国军队信息化建设类似。经过数十年来的探索和发展,外国军队在信息化建设和战斗力提升方面均获得了巨大飞跃,也积累了丰富的经验。总结分析外军信息化建设管理的有益经验及其启示,将有助于探索我军信息化建设管理的基本规律,推动我军信息化发展。

第一节 外军信息化建设管理沿革

世界主要发达国家军队信息化建设起源于信息技术发展和信息时代来临的大背景,是在信息化战争需求牵引下,将信息革命的成果运用于军队建设,使军队能实时获取、传输、处理、利用信息以实现作战目标,最终建成信息化军队的活动。根据信息技术应用程度和应用水平的不同,外军信息化建设管理的发展历程可分为探索起步阶段、全面展开阶段、深入发展阶段三个阶段。

一、以武器装备信息化为牵引的探索起步阶段

20世纪50年代末"赛其"半自动化防空指挥控制系统诞生到20世纪90年代初"海湾战争",是以武器装备信息化为牵引的探索起步阶段。这一阶段,美军率先将信息技术运用于主战武器并装备部队,综合电子信息系统从无到有,逐步发展并建成了C^3I系统(即指挥、控制、通信、情报系统),军事理论创新开始启动,信息化作战理论破土而出。

(一) 信息化武器装备相继出现

从20世纪50年代开始,信息技术逐步进入军事领域,美军开始装备典型的信息化武器装备并运用于实战,让世界各国军队见证了信息化武器装备的作战效果,并开启了信息化建设的探索之路。美军成功研制了采用无源红外制导的AIM-9"响尾蛇"空空导弹,可与机载红外探测和瞄准设备配套使用,具有较高跟踪精度;第一代AGM-45"百舌鸟"空地导弹,一种无源被动制导式反辐射导弹,可利用敌方辐射源辐射的电磁波信号进行引导的,并用火力摧毁敌方电子系统;E-2"鹰眼"舰载预警机,装备有雷达、电子对抗、通信、导航、目标显示和中央处理机等多种电子信息设备,初步具备了探测、侦察、数据传输等功能;第一代隐身高空侦察机也于20世纪60年代初试验成功,标志着隐身技术研究取得突破,为美军提高武器装备的生存能力和作战效能创造了条件。越南战争中,美军于1971年首次使用EA-6型电子战飞机,使战机损失率由战争初期的14%降到1.4%;在空袭越

南北方的后期,美军开始使用"百舌鸟"反辐射导弹,对越南防空部队制导和炮瞄雷达构成严重威胁。1972年3月,美军使用15枚激光制导炸弹,炸毁了以前出动700余架飞机、投弹约1.2万吨均未击中的越南清化大桥,其惊人的作战效果引起国际军事界的高度关注。此后,美军又陆续装备了"哈姆"反辐射导弹、F-117A型隐身战斗机等信息化武器装备,为打赢海湾战争奠定了坚实的理论和技术基础。

(二)军事信息系统诞生并发展

军事信息系统的诞生与发展是外军信息化建设管理探索起步阶段的重要成果。1958年,美军建立了世界上第一个军事信息系统——"赛其"半自动化防空指挥控制系统,首次实现了信息采集、传输和指挥控制中部分作业的自动化。同年,苏联防空歼击航空兵指挥所开始装备"天空-1"报知、指挥和引导综合系统,它在一定程度上实现了雷达信息收集、处理和传递过程的自动化、一体化。随后,美军在C^2系统基础上增加了通信,使之成为指挥、控制与通信系统,即C^3系统(即指挥、控制、通信系统)。1962年初,英、法、联邦德国、意大利等北约国家建立了"奈其"地面防空警戒系统。到20世纪60年代中期,美军相继建成了战略空军指挥控制系统、弹道导弹预警系统、空间探测与跟踪系统、美国国家指挥中心、国家备用军事指挥中心、战略空军核攻击后指挥控制系统、美国全球机载指挥所、北美防空司令部夏延山地下指挥中心等;苏军部署了"天空-1"的改进型"VP-1"半自动化截击引导系统。70年代初,苏联防空军建成"射线-3"指挥自动化系统。1977年,美军首次把情报作为不可缺少的要素,纳入C^3系统,形成指挥、控制、通信与情报系统。1983年以后,美国国防部为了强调计算机在军事信息系统中的核心地位和在信息处理中的重要作用,在C^3I的基础上又加了一个"计算机"(Computer,C),使美军的综合军事信息系统由C^3I系统演变为C^4I系统(即指挥、控制、计算机、通信与情报系统)。

(三)创新军事理论不断涌现

一些军事理论家看到信息技术进入军事领域后,也开始预测新军事革命的到来和军队信息化发展的进程,军事理论创新初露峥嵘。20世纪60年代中期,在核威慑条件下,美军的作战样式和作战思想出现了新变化,尤其是在电子信息对抗过程中,强调结合使用积极性和消极性电子干扰手段,主张"软杀伤"和"硬摧毁"并用,从而推动了电子战理论与实践的发展,信息战理论也在电子战理论和实践中破土而出。1976年,美国军事理论家托马斯·罗那首次提出"信息战"概念,从此拉开了信息战理论研究与实践的序幕。之后,苏军总参谋长奥加尔科夫等人又预言:以计算机为核心的信息技术将引发一场新的军事技术革命。美国人改为"新军事革命",后接受为"军事转型"。另外,美军还提出"空地一体战"理论、"高边疆"战略、"五环目标选择理论"等新军事理论;苏联加列耶夫等军事理论家则提出了"智能战""文明战""可控战"和"数据战"等新作战概念。

二、以系统集成为重点的全面展开阶段

20世纪90年代初"海湾战争"结束到2001年初小布什政府入主白宫提出"军事转型",是以系统集成为重点的全面展开阶段。这一阶段,美国捷足先登,率先启动了新军事革命,开始自觉地进行军队信息化建设。接着,英国、法国、德国、日本、俄罗斯、印度等

世界军事大国也紧随其后,走上了新军事革命和军队信息化建设之路。除继续提高武器装备的信息化水平,世界各国开始注重武器装备之间的信息联系,强调通过系统集成发挥整体效能,信息化建设在军事理论、体制编制、管理机构等方面全面铺开。

(一) 信息化军事装备体系初步建成

美军通过对已有装备进行信息化改造和研制全新的信息化武器系统,使其陆、海、空军武器装备的主体实现了信息化,即陆军信息化装备占装备总量的50%以上,海军和空军信息化装备占70%以上。与此同时,美军建立了在世界各国军队中首屈一指的比较完备的战略级、战役级和战术级综合电子信息系统。1992年,针对"海湾战争"暴露出来的各军种信息系统不能互联互通等问题,美军决定将分立式、封闭式的独立系统,综合集成为分布式、开放式的C^4I系统。1995年,美军推出"综合C^4I系统"建设计划,使其增加了反情报、信息管理和信息战功能。1997年,C^4I系统的功能进一步扩展,美军将监视和侦察纳入其中,开发出C^4ISR系统(即指挥、控制、通信、计算机、情报、监视与侦察系统)。俄军则在1995至1996年间,对苏军20世纪80年代后期制定的导弹攻击预警系统发展规划进行了修订,重新确定了整个系统的结构框架。

(二) 军事理论创新取得重大突破

随着信息化武器装备和军事信息系统的广泛使用,相应的军队建设理论和作战理论也不断发展。这一阶段美军提出了很多新概念、新观点,如战略理论方面的"信息战略""信息优势战略""信息垄断""信息保护伞"等;军队建设理论方面的"精确力量""无缝隙总体力量""全能军队"等;在作战理论方面的"非接触作战""非对称作战""导航战""行动中心战"等,使军事理论创新接连取得重大突破。提出的网络中心战理论,精确打击、全维防护、聚焦式后勤作战思想,从信息优势-全谱优势-决策优势的作战概念,对各国军队信息化建设产生了很强的推动作用。

(三) 军队体制编制改革初现成效

配合信息化军事装备建设,外军在军队规模上,开始大幅裁剪军队员额,优化军队结构;在部队编制上,逐步向一体化、小型化、模块化和多功能化方向发展;在新型部队建设上,开始建立数字化部队。这一阶段,美国陆军建立了数字化部队和"斯特赖克旅战斗队",海军创建了多种海上打击部队,空军组建了各种航空航天部队和信息战航空队。俄军在1997至2001年的武装力量军兵种结构调整中,按照新的体制改造军种指挥通信线路,最终使五大军种指挥系统过渡到三大军种指挥系统。英、法、德等国军队也先后启动数字化部队建设,并取得了一定进展。英国陆军1995年成立数字化部队建设协调机构"地面指挥信息系统作战需求办公室";1996年,《英国陆军数字化总纲》颁发。20世纪90年代中期,法国陆军部队开始数字化建设;2001年,团、营部(分)队开始装备战术级军事信息系统。德国陆军于1998年建成第一个数字化营,并开发出旅级以上部队使用的高级指挥控制系统、团营级指挥控制系统及指挥与武器控制系统。

(四) 信息化建设管理体制逐步完善

在前期的军队信息化建设实践中,各国军队逐步认识到信息化建设管理的重要性。

一方面，出于一体化建设需要，美军进行了一系列信息化建设管理机构改革，将"国防通信局"改建为"国防信息系统局"，出现了 C^4I 副参谋长、C^4I 助理参谋长等职务；建立了首席信息官制度，统筹 C^4ISR 的综合集成和 GIG 建设，开展更加深入、专业化的管理工作等。另一方面，各国开展了信息化顶层设计，出台了一系列的纲领性文件，如美军出台《2010 年联合构想》《2020 年联合构想》《C^4ISR 体系结构框架》等，开始有计划、有组织地进行规划军队信息化建设活动。

三、以军事转型为核心的深入发展阶段

21 世纪初美军提出"军事转型"至今是以军事转型为核心的深入发展阶段。2001 年年初，美国开始详细规划"军事转型"，各国新军事革命和军队信息化建设便进入了一个有组织、有计划、有纲领，而且目标明确、全面推进、协调发展的新时期。

（一）以"网络中心战"为依据开发"联合作战概念"

美军认为，一体化联合作战是"网络中心战"的初级阶段，而"网络中心战"则是一体化联合作战的最终归宿。因此，美军决定以"网络中心战"为核心，开发联合作战概念，并准备打"网络中心战"式的联合作战。为此，美参联会于 2003 年 11 月至 2004 年 9 月，颁发了相互配套的"联合作战概念"及其之下的 4 个"联合作战行动概念"和 5 个"联合职能概念"，随后又拟定了支撑"联合作战行动概念"的"一体化联合概念"。2004 年 6 月，印军也仿效美军"网络中心战"计划，正式启动为期 25 年、耗资数十亿美元的信息化建设计划，以建立一套完备的"网络中心战"基础设施。为确保"网络中心战"计划顺利实施，印度国防部颁发了《网络中心建设纲要》。

（二）以联合作战理论牵引武器装备信息化建设

为了使研制的信息化武器系统切实满足"网络中心战"式联合作战的需要，美军参联会主席领导的联合需求审查委员会，加强了对各军种预研武器装备项目的审查。这使美军武器装备建设更加合理，把转型经费投向最有转型价值的武器发展项目，实现转型效益的最大化。2002 年初，俄罗斯总统普京批准《2001—2010 年国家武器纲要》。为落实《2001—2010 年国家武器纲要》确定的目标，俄国防部陆续出台了一系列信息化建设专项纲要，例如《2002—2015 年俄联邦国防部在莫斯科地区的通信网向数字化传输系统过渡纲要》《俄联邦武装力量一期通信网分阶段向数字化远程通信设施过渡专项纲要》《陆军战术级通信系统发展专项纲要》等。

（三）以前沿技术引领部队作战能力建设

为了创造新的军事力量增长源泉，美军在转型中加大对能够引领部队作战能力超常增长的前沿技术的投资，以寻求新的技术突破，继续保持对其他发达国家军队的"相对技术优势"，对发展中国家军队的"绝对技术优势"。在寻求新的技术突破和开发军事高技术方面，美军既顾及当前，又着眼长远。近期重点开发的技术领域是高能激光、纳米材料、宽带通信、量子计算机、人工智能、生物仿生、生物芯片等；远期开发的重点是可能引发新一轮军事革命的纳米技术和空间技术。美军认为，抢占这两大技术的制高点，创建"微型军"和"天军"部队，可使美国继续保持具有超强军事能力的顶尖军事强国地位。

第二节　外军信息化建设管理主要做法

随着时代的发展和科学技术的进步,信息化日益成为世界各国军队建设的重点,在建设管理的过程中,各国军队结合自身实际,都有着自己的特点和做法,但总的来看,其主要做法包括以下几个方面。

一、以顶层设计指导信息化建设发展

"顶层设计",是指国家和军队高层对信息化建设的目标、方针、措施、步骤及组织保障等问题进行的总体设计,是对军队信息化建设的长远规划和宏观指导。它要求军队建设的各个领域、各个环节、各个层次的改革设计统筹兼顾、统一考量、相互衔接、紧密结合,形成一个有机的整体,科学指导军队信息化建设发展。

(一) 周密论证,科学制定规划

美军在信息化建设过程中,除了强调"顶层设计"的制度化和程序化,使国防部、参联会和各军种部的设计操作有机地联系起来之外,尤其注重规划设计的科学性,力求经过充分论证,并保证论证结果顺利进入决策层,以便及时做出调整。例如,以 2000 年 5 月版《2020 年联合构想》和 2001 年 9 月版《四年防务审查报告》为代表的第二代纲领性文件,就是在原有文件的基础上,从论证到实施,先后耗时 4 年,动用了国防部、军方高级将领和研究人员,以及地方科研机构的经济学、运筹学、系统分析和心理学等领域的专家学者,从而使参加论证的人员具备一定的广泛性和代表性,以尽量减少美军在信息化建设过程中出现无谓的失误,确保军队信息化建设的成功。俄军在制定武装力量建设计划时主要采用"三段式"规划法,即分为三个阶段完成。第一阶段,为制定计划确定统一的初始数据;第二阶段,就武装力量的面貌进行军事战略论证和经济资源论证,并制定建设规划;第三阶段,编制国防预算,组织实施。俄军建设的中长期计划(10~20 年)在实施过程中通常采用"中期修订、滚动发展"的模式,5 年更新一次,通常是在计划执行的第四年开始制定下一个时间跨度的构想和计划,第五年进行审议,第六年批准生效。在各种规划的制定和衔接上,各国都有许多相似之处,长期规划为 10~20 年,中期规划为 10 年左右,短期或近期计划通常在 5 年以内。

(二) 全军联动,形成完整体系

美军认为,建设信息时代的信息化军队是一项极其浩大而复杂的军事工程,预计要到 21 世纪中叶才能完成,必须通盘筹划,精心设计。为此,在经过 20 世纪 90 年代前半期以信息化建设为核心内容的"军事革命"理论探索之后,美参联会于 1996 年 7 月出台了《2010 年联合构想》。随后,美国防部又在 1997 年 5 月公布了《四年防务审查报告》。该报告是评估 1997—2015 年美防务需求的综合性战略文件,要求美军在制定发展规划时必须考虑新军事革命的因素,提出了美军"继续发展军事革命的基本思路"。根据上述两个文件规定的总体框架,美军各军种又相继制定了适合本军种特点的信息化发展战略,例如陆军的《2010 年陆军构想》和《后天的陆军》,海军的《后天的海军——对未来技术的构想》

和《2010年海军构想》,空军的《全球作战——21世纪空军构想》和《全球参与——21世纪空军构想》等。总目标和分目标相互结合,自上而下地将美军发展规划纳入一个完整的体系,使其军队信息化建设得以有计划、有步骤地进行。

而地球的另一侧,俄罗斯国防部正在制定的《俄联邦武装力量2021年前建设构想》其着重提出了包括信息化建设在内的整个武装力量未来建设方向、目标和要求,《2016年俄联邦武装力量建设与发展思路》重点描绘了落实《构想》的具体计划和实现构想目标的具体措施,在实施过程中,仍以当前或近期建设计划为主轴。俄军的《俄联邦武装力量2004—2008年建设与发展计划》已被贯彻到俄军体制改革、组织调整、装备发展和战场建设等各个方面,并以完善各级指挥自动化系统为军事建设的优先发展方向。

(三) 远近兼顾,统筹当前长远

由于军队信息化建设是一个长期的过程,因此美、俄等外军特别强调远近兼顾,使近期建设与远期规划有机地结合起来,谋求长远优势,逐步推进信息化建设,积极建设信息时代的新型军队。这一方法在1997年5月版的《四年防务审查报告》中有充分体现。该报告列示了三种可供选择的方案,并认为"远近兼顾"是最佳方案。它强调搞好两个兼顾,即军队正常建设与军队改革兼顾,打赢近期战争和对付远期威胁兼顾。前者指既要搞好部队的正常训练、管理和武器采办,保持部队的作战能力和战备水平,又要积极推进军队改革,大胆地进行各种探索与实验;后者要求制定近期和远期军事发展规划,并定期进行审查修订,使军队建设朝着正确的方向滚动发展。而俄军在国家和国防部层面有《国家军事建设构想》《武装力量建设与发展计划》《国家军事技术政策基础》《指挥自动化系统建设构想》等各种长期规划,各军种也有自己的远景建设构想。而《国家纲要》则是军队建设领域一个虚实结合的顶层设计类文件。它把各种构想中提出的建设目标和发展重点具体物化到了武器装备建设上。俄军还有时间跨度为5年的各种中期建设计划和1年的短期建设计划。它是落实中长期规划的工具,具体将长远目标转换成某一阶段的体制与装备建设实践,并可根据形势的变化对中长期规划的目标进行修正。这些文件在顶层设计方面扮演着不同的角色,从不同角度、不同层次发挥作用,促进军队信息化建设的发展。

二、以首席信息官制度推进信息系统建设

信息化军队的内核是集侦察监视、指挥控制和精确火力打击于一身的一体化综合军事信息系统。要加速推进军队信息化建设,尽快建成信息化军队,首要任务是又好又快地建设一体化综合军事信息系统。为此,世界上一些国家便于20世纪90年代中期开始在其军队中建立首席信息官制度。这些国家经过几十年的国防与军队建设实践深刻认识到,首席信息官制度是军队信息化建设不可或缺的核心环节,是高效率、高效益地建设信息化军队体制机制保障。

(一) 制定明确的首席信息官工作职责

外军经过多年实践发现,必须确立首席信息官在军队信息化建设管理中的核心地位。

外军各级首席信息官的基本职责是向部门主官就信息技术、信息系统和信息资源的发展、使用、管理和规划计划等方面工作提出建议和咨询。首席信息官有建议、指导、管理、监督和评估权，但不负责具体建设项目的组织实施，是所属部门主官在信息化建设方面的主要参谋和助手。各级首席信息官的职责不尽相同，但至少都包括以下四个方面：一是研究制定有关信息化建设的指导性文件；二是参与部门信息系统的投资评审过程；三是监督和评估部门信息系统建设与运行情况；四是提出项目执行建议，必要时建议部门领导修改或终止系统。

1998年后，美国国防部、各军种部、国防部各直属局、参联会的联合参谋部以及各大司令部都相继设立了首席信息官一职。首席信息官一般采取兼职方式。国防部首席信息官由分管网络与信息集成的助理国防部长担任，是信息化建设的第一责任人，负责推动国防部范围内各类信息资源的整合与使用、调整改革工作运行机制、制定并落实顶层设计规划等。国防部首席信息官直接向国防部长或国防部常务副部长报告有关工作情况并提出建议，同时对国防信息系统局、国防情报局、国家图像与测绘局、国家侦察局和国家安全局等部门的工作实施指导、监督与管理。各军种部首席信息官则是国防部首席信息官的顾问，分别由陆军负责 C^4ISR 系统的助理参谋长、海军负责研发和采办的助理部长、空军负责作战集成的副参谋长担任。他们是本军种信息化建设的主管，直接向军种部长和参谋长负责，在信息化建设、信息、资源使用方面有指导本军种所有下属单位的权力，负责在本军种内推行国防部首席信息官发布的政策和指示，并分别完成各自任务。

(二) 构建完善的首席信息官组织体制

在外军首席信息官制度中，首席信息官有明确的工作内容，构建合理的首席信息官工作体系是外军推进军队信息化建设管理的重要保证。外军首席信息官主要依托首席信息官委员会和首席信息官办公室开展，首席信息官委员会为松散型议事组织，首席信息官办公室则为实体，负责保障首席信息官的日常工作，并实施有关技术、机制创新和系统整合工作。

以美国防部为例，首席信息官委员会由国防部首席信息官担任主席、首席信息官办公室主任担任执行秘书、国防信息系统局局长担任技术顾问，成员包括负责采购与技术的国防部副部长、负责政策的国防部副部长、国防部副首席信息官、陆海空军和海军陆战队首席信息官、国防部计划分析与评估办公室主任、联合参谋部综合电子系统主任等。首席信息官委员会通常以论坛的形式不定期开展工作，各成员之间就信息化建设问题及时交换部门情况、总结经验教训、协调统一行动，并就有关信息技术发展和军队信息安全等方面的重大事宜向国防部长或国防部常务副部长提出咨询建议。

美国防部首席信息官办公室直属首席信息官领导，是与国防部其他局(办)平行的一个机构，主要承担以下职责：研究制定信息化发展政策与框架，参与 C^4ISR 系统和信息管理活动的规划、计划和预算工作，监督信息化有关政策、计划和标准的执行，对各类信息系统需求及其开发项目进行审查，监控和评估已批准项目的执行情况，为国防部各部门信息化建设提供指导、管理和技术监督，协调并管理跨军种的大型信息系统建设，颁发有关信息化建设与运用的国防部法规和指导性文件等。

各级首席信息官在本级接受部门主官的领导，业务工作接受上级首席信息官的指导。

首席信息官的工作属于综合管理范畴，旨在树立高层权威，通过首席信息官委员会加强横向协调，通过首席信息官办公室及时研究制定政策法规，抓总体规划设计，行使管理、监督、评估和建议权，同时，充分发挥各类专业部门的特长和积极性，具体建设、使用和管理交由具体业务部门分别负责。各级首席信息官办公室的综合管理与各级各类业务部门的分工实施相结合，从而构成典型的矩阵式管理体系。

（三）推行良好的首席信息官培训途径

为培养优良的首席信息官人才，外军主要采取到专门培训机构以及MBA培训班进行培训的方式进行。

一是到国家的专门培训机构学习。包括"首席信息官大学联合体"和"联邦企业体系结构认证学院"。"首席信息官大学联合体"由美国卡内基梅隆大学、乔治·华盛顿大学等组成，提供的培训项目由美国联邦首席信息官委员确定。"联邦企业体系结构认证学院"由加利福尼亚州立大学的几个相关学院组成，主讲体系结构框架。

二是到国防部的专门培训机构学习。该培训机构为国防大学信息资源管理学院，围绕政策、投资与规划、基于效能与结果的管理、安全与信息保障、领导艺术、战略规划制定、技术评估、电子政务与电子商务、体系结构与基础设施、程序改进、技术与装备采办11个科目领域进行教学。

三是到地方大学商学院举办的MBA培训班学习。美国防部和各军种部还经常选派将要担任首席信息官的中高级军官和高级文职人员，到各个大学的商学院去接受MBA教育，学习其中的电子商务、电子政务、信息科学等与首席信息官工作密切相关的课程。

三、以改革促进信息化武器装备发展

军队信息化建设要求军队进行脱胎换骨的自我改造，这就决定了必须更新观念、创新思路，以深度改革的形式促进信息化武器装备发展。

（一）改革技术获取机制

信息社会，许多新的信息技术得到快速发展，它们可用于支持军事部门发展的新的作战概念，因此需要有更好的机制来获得这些技术进步，把它们融入到新的作战概念之中。

美军采取了先期技术演示计划、先期概念技术演示计划、联合实验计划等新的技术获取机制。例如先期概念技术演示计划，在新构思的武器研制计划正式上马之前，由研制与使用部门一起对采用新技术、新方案的武器进行早期使用性试验和演示，以验证技术的成熟程度和实用价值，旨在以经济有效的方式加快向实际应用转化。在这一理论指导下，美军在研制F-117隐身战机之前，就进行过"蓝色富翁"的飞机演示，验证了隐身技术完全可以用于飞机上。先期技术演示是现在美军武器采办过程程序里一项必要环节和关口，也是武器采办过程中科学决策的必要手段与方法。

（二）改革传统采办程序

传统的武器装备采办程序是一种"线性"程序，其往往是先进行研究，再完成工程设计，然后投产，最后由作战部队进行评估并形成作战能力。但由于信息技术发展很快，传统的采办程序很难跟上节奏,当新武器系统研发出来时,其技术已经落后了。

美军认为,解决这一问题的关键是要缩短从开始采办到形成最初作战能力的周期。为此,其改革传统的采办方法,主要采用了"渐进式采办"等方法。"渐进式采办"方法放弃了过去过分追求的"无缺陷",而转向"容忍风险和失败",不要求新装备一次达到所有的采办要求,而是将采办计划分若干批实施,利用现有的技术和条件来研制、部署一种初始作战能力,然后再逐渐增加新的作战能力,目标是将周期缩短50%或更多。美军在2003年就颁布文件,将"渐进式采办"策略进一步细化和完善,提出了"螺旋式发展"和"增量式发展"的概念。在"螺旋式发展"和"增量式发展"过程中,作战使用部门、试验部门和研制部门要不断沟通,通过多次试验、风险管理和信息反馈,不断改进作战要求,完善武器装备作战能力。

(三)改革军用标准体系

在过去几十年中,民用高技术以惊人的速度发展。由于军用技术和民用技术之间存在壁垒,两者所采用的标准体系不同,因此,美、英、日等国积极改革军用标准体系,广泛采用民用标准。一是集中清理整顿军用标准。一方面,将一批技术落后、内容过膝或不符合国防部标准化政策的军用标准废止,同时吸纳一批民用标准来代替军用标准,另一方面,将一些本质上属于军民通用领域的军用标准逐步转化为民用标准,提倡最大限度地使用军民通用的ISO9000系列标准,少用或不用军用标准,只有在确实没有民用标准可用,或民用标准不能满足军事需求时,才使用军用标准,且必须得到批准。二是注重发挥政策法规的导向性和保障性作用,通过制定和调整一系列政策、法规和指导性文件,推动在装备采办中优先使用民用标准。三是通过发布标准化指导性文件,指导国防部人员参与民间标准团体活动,增强与民间标准化团体的合作。四是从标准的来源、开放性、技术相关性、成熟度、市场的支持、可用性和风险等多方面制定了民用标准的选用准则,帮助国防部从中选出效费比最优的标准,加大采用民用标准的力度。

通过军用标准体系的改革,收到了显著效益。美军通过充分吸纳市场上广泛接受、普遍认可的民用标准,获得了更多的供应商,保证了货源充足,同时采用由时长驱动的开放标准制定方式,有效引入了竞争机制,促使供货商不断开发新技术,在提高产品性能的同时明显降低了成本。据统计,采用民用技术和标准规范后,国防部在维持军用标准体系方面的负担大大减轻,装备开发成本可降低30%~50%,典型装备的研制周期可缩减到3~5年(美军武器装备的采办周期一般为10~15年)。

四、以发展网络空间力量应对未来挑战

网络空间战作为信息化战争的一种形式,也是各国军队信息化建设的产物。对于高度依赖网络的国家,美、俄、日等国均高度重视网络空间安全,将来自网络空间的威胁等同于核化生武器的威胁,及早从网络空间安全战略、网络空间作战力量、网络空间战武器等方面制定了应对措施。

(一)制定网络空间安全战略

外军为强化网络空间地位、确保网络空间安全、谋划网络空间作战,纷纷制定网络空

间安全战略。2005年,美国防部公布《国防战略报告》,明确网络空间的战略地位,将其定义为与陆、海、空和太空同等重要的第五维空间。之后,又发布了《网络空间国际战略》《网络空间行动战略》《网络空间作战国家军事战略》等,高调宣布"网络攻击就是战争",并确立了美军网络空间的基本军事战略框架。俄罗斯制定了《国家信息安全学说》等法律法规,将信息安全纳入了国家安全管理范围。英国在《国家安全战略》和《战略防务与安全评估》中,界定网络空间的威胁为英国面临的四大首要威胁之一。法国制定了《法国网络空间安全战略》,阐述了法国"成为网络防御的世界强国"等四项目标和尚须努力的七个方面。网络空间安全战略的制定为外军网络空间作战能力的发展指明了方向。

(二) 组建网络空间作战力量

为在"网络空间"虚拟领土上取得"制网权",外军持续加大对该领域作战力量建设的力度,包括建立健全指挥机构和发展网络空间作战部队。在指挥机构方面,美军各军种于2008年以后建立了网络空间作战司令部,2009年建立了统一的指挥机构"网络空间司令部",建立之初该司令部隶属于战略司令部,之后美军将其升格为一级联合作战司令部。俄军网络战主要由俄联邦安全局牵头组织实施,英国则成立了网络安全办公室等。在网络空间战部队方面,美军成立了第67网络战联队、"140黑客部队"、网络媒体战部队等。为进一步提高作战能力,美军还组建了133支网络任务部队,包括13支国家任务部队、68支网络防护部队和27支作战任务部队以及25支直接支援小组。此外,美军还采取公开面向社会招募与从黑客群体中遴选相结合、部队培养与地方发掘相结合的方式,不断充实壮大网络空间作战力量队伍。除美军外,俄罗斯、英国、德国、日本、以色列、印度等国家也都有自己的网络战部队。

(三) 研发网络战武器

网络空间作战中,单纯防御是非常困难的,必须发展网络战武器,攻守兼备。在网络防御技术方面,为应对日益严重的网电攻击,美军将网络密码技术视为网络安全核心技术,加大研发力度,同时通过访问控制技术、防电磁辐射泄露技术研发等,确保网络加密能力。在网络攻击武器方面,目前美军已研发出"特洛伊木马""蠕虫病毒""逻辑炸弹"等2000多种病毒武器,正继续推进"舒特""高级侦查员""国家网络靶场"等网络战项目,以及电磁脉冲弹、次声波武器、动能拦截弹和高功率微波武器等硬杀伤武器。俄罗斯也已研发成功和正在研发"僵尸网络病毒""过载病毒""传感器病毒"和"远距离病毒"等网络战武器。这些武器已在实战中使用,有效提升了外军网络攻防能力,给对手造成了严重威胁。

第三节 外军信息化建设管理对我军的启示

他山之石,可以攻玉。外军信息化建设管理中的种种经验做法,为我军推进信息化建设加速发展提供了重要的参考和借鉴,也为我们提供了很多有益的启示。

一、准确把握军队信息化建设的正确方向,避免重走大的弯路

军队信息化建设作为一项战略性系统工程,具有巨大的惯性,一经发动,除非出现强大的外部干预力量,否则它将"义无反顾"地沿着选定道路发展下去。俄军由于错误地选择走西方国家军队的发展模式,付出了巨大代价。纵观我军信息化建设,在每一个关键时期,党中央、中央军委都及时做出准确判断和部署,指明正确方向。

在信息化建设方向上,一是要坚决贯彻执行党中央、中央军委的决策部署,确保不走大的弯路;二是要坚持顶层设计与摸着石头过河相结合,既整体谋划,又敢于突破;三是要强化编制体制改革的支撑,通过编制体制改革来确保建设方向。

二、始终坚持军队信息化建设的中国特色,防止盲目进行跟风

在推进军队信息化建设过程中,各国军队都有自己的特色。如美军是"高投入、高速度、全面推进",日军是"高投入、多储备、先民后军、应急发展",以色列军队是"依赖美援、自身消化,注重整体、军民一体"。作为我军来讲,现处于机械化建设尚未完成,同时又要开展信息化建设的"双重"历史阶段,不存在与外军完全类似的条件,如果不坚持本国特色,盲目进行跟风,必然要走回头路。

坚持我军特色,一是要保持人民军队的本质,即党指挥枪原则和军队自卫性质;二是要发挥后发优势,借鉴外军先进做法,实现超越;三是要坚持高标准,以世界先进水平为参照系,实现复合式、跨越式发展;四是要保持创新的务实性,既加强自身创新,又保持务实性,能有效指导我军建设实践。

三、牢固树立军队信息化建设的渐进理念,不应谋求一劳永逸

军队信息化建设是一个复杂巨系统工程,不可能一次设计成形,系统研制、体制改革也不可能一次到位,必须在实践中不断发现问题、解决问题,才能发展完善。军队信息化建设是一个渐进过程,是一个持续量变到最终质变的过程,从一个较短时期看,军队变化幅度可能不大,但从一个较长时期来看,军队整个面貌将发生翻天覆地的变化。

对于渐进性,一是要处理好稳定与发展的关系,既要敢于突破常规,实现跨越性发展,又要保持好稳定,避免目标设定过于激进;二是要处理好当前与长远的关系,既要考虑近忧,抓好部队日常战备工作尤其是训练,又不忘远虑,着眼军队战斗力的长远提升;三是要处理好继承与创新的关系,既要开拓创新,勇于进取,又不能一味求新,全面否定过去。

四、坚定推行军队信息化建设的自主创新,摆脱核心受控于人

在世界经济和科技全球化背景下,惟有自主创新发展,掌握核心技术,拥有自主知识产权,才能不受制于人,把信息化建设的命运掌握在自己手里。我军信息化建设走过了一条从引进模仿到自主创新的发展道路。经过实践证明,核心技术是买不来的,买来的也存在安全隐患,单靠引进模仿的路是行不通的,依赖于人必然受制于人,必须要走自主创新发展道路。

对于自主创新发展,一是要增强创新责任,责任是创新的动力,看不到肩上的责任,就不会有创新的动力;二是要具有创新勇气,要敢于否定已取得的成绩,不断取得新的突破;

三是要培养创新人才;四是要提高创新本领。

作 业 题

一、单项选择题

1. 世界上第一个军事信息系统是( )。
A. "赛其"   B. "奈其"   C. "天空-1"   D. "射线-3"
2. C^4I 系统中的 I 是指( )。
A. 指挥   B. 控制   C. 计算机   D. 情报系统

二、多项选择题

1. 根据信息技术应用程度和应用水平的不同,外军信息化建设管理的发展历程可分为( )。
A. 探索起步阶段   B. 全面展开阶段   C. 加速发展阶段   D. 深入发展阶段
E. 全面跃升阶段
2. 美军早期的 C^3I 系统包括( )。
A. 指挥系统   B. 控制系统   C. 通信系统   D. 计算机系统
E. 情报系统
3. 首席信息官有( )权,但不负责具体建设项目的组织实施。
A. 建议   B. 指导   C. 管理   D. 监督   E. 评估

三、填空题

1. 外军首席信息官主要依托首席信息官委员会和_____开展。
2. 首席信息官委员会通常以_____的形式不定期开展工作。

四、简答题

1. 简述外军信息化建设管理主要做法。
2. 简述外军各级首席信息官的基本职责。
3. 简述外军如何以顶层设计指导信息化建设发展。
4. 简述外军如何以首席信息官制度推进信息系统建设。
5. 简述外军信息化建设管理对我军的启示。

第八章 部队信息化工作

部队信息化工作是军队信息化建设与管理的重要组成部分,是军队信息化建设与管理的末端落脚点。第一,部队信息化工作是由军队信息化建设管理延伸而来的,其主要任务中的广泛运用信息技术、开发利用信息资源,与军队信息化建设内容完全一致,是军队信息化进程中自上而下的脉络。第二,部队信息化工作是军队信息化建设的主要实践环节,其涉及的组织运用信息系统、使用和管理信息化武器装备、提高信息化条件下的作战能力等,都是应用军队信息化成果形成体系作战能力的活动,目的是提高部队战斗力,真正让"建为战、管为战"落地见效。

第一节 部队信息化工作的内涵

做好部队信息化工作首先要搞清楚什么是信息化工作,即回答部队信息化工作应当"做什么""为什么做""如何做"等问题,弄清这些问题对参与部队信息化工作实践的每一位建设管理者而言都是最首要的工作。

一、部队信息化工作的基本定位

部队信息化工作是指部队广泛运用信息技术,培育官兵信息素质,组织运用信息系统,使用和管理信息化武器装备,开发利用信息资源,提高部队信息化条件下作战能力和建设水平的全部活动。理解这个概念,需要把握以下几点:

部队信息化工作的实施主体是军、旅、营等各级部队。"上面千条线,下面一根针"。军队信息化建设任务落实到军、旅、营层面,就是依靠广大官兵共同参与完成。军队信息化建设各项任务只有同部队各项工作紧密结合,才能真正落到实处,发挥作用。

部队信息化工作的基础环节是信息技术应用。信息技术是军队信息化的源动力。当前部队信息化工作面临众多现实困难和挑战,在思想观念、体制编制、工作习惯等文化层面,尚未完全实现信息化转变时,用信息技术手段解决现实难题,是开展部队信息化工作的基础和前提。广泛运用信息技术,就是组织运用信息系统,使用和管理信息化武器装备,搞好信息化武器装备训练演习,提高日常工作中的效率,优化战备值勤中的业务流程,转变训练演习中的战斗力生成模式。目前,日常业务信息系统在部队广泛运用,在办公、办文、办事等方面,极大地节约了人力、时间和资金方面的成本。信息系统、信息化主战武器装备的信息技术含量越来越高,为采用信息技术手段采集动态信息,实现全过程、全寿命、精确管理提供了可能,也为改变传统的管理模式,进行流程再造、机构重组提供了实践依据。部队在组织信息化条件下的训练演习中,利用信息技术手段,采集战场态势信息、融合情报信息、做出实时决策、控制协调兵力兵器,使信息在战斗力生成过程中起到链条作用,为形成战斗力涌现效应提供支撑。

部队信息化工作的中心工作是建设成果实践应用。部队信息化工作是军队信息化建设的重要实践环节，它与军队信息化建设一脉相承，但从内容上看与军队信息化建设又有很大不同，具体表现是部队信息化工作侧重于"用"而不是"建"。由于技术力量、经济实力和人才队伍等的限制，众多属于军队高层的信息化建设任务，在部队层面组织实施起来不符合实际。我军信息化全面发展的起始阶段，也曾出现过各级部队大力加改装武器装备的现象，虽然取得了不少成果，但总体来看逃离不了"小作坊"的命运，也导致了全军上下都深恶痛绝的"烟囱林立""信息孤岛"乱象。近年来，我军信息系统和信息化武器装备陆续列装，部队不会用、不敢用、不想用等现象基本绝迹，现在部队官兵更关心"怎么熟练使用""如何更好地发挥作用"。

部队信息化工作的根本任务是培育官兵信息素质。部队信息化工作涉及多个方面，在所有工作中，人是最重要的，没有人就没有一切，人的信息素质必须要适应信息化战争的要求，这是部队信息化工作要关注的根本性问题。信息化知识普及工作，是从知识和文化方面武装官兵；信息系统和信息化武器装备训练、使用和管理，是从信息化专业技能方面提升官兵信息化能力；信息资源开发利用和信息安全保障，主要从信息化行为方面使官兵养成信息化思维方式、行为习惯和价值观念，提升官兵信息素质。部队信息化工作始终围绕培养信息化的人展开，人成为工作的核心和根本要务。

部队信息化工作的核心目标是作战能力提升。部队信息化工作始终围绕信息的效能发挥而展开，而信息是形成新战斗力的主导因素。"建为战"，部队建设向实战靠拢，这是部队信息化工作的根本要求。在部队信息化发展的初期，曾经有不少人觉得部队信息化就是为了"看"，无论是学电脑、练打字还是制作多媒体，都是为了表面上的美观，与形成战斗力没有多少关系。现如今，信息系统和信息化武器装备的使用训练、信息资源开发利用、信息安全保障等，都成为部队信息化工作的重要内容，而这些工作又与形成体系作战能力、联合作战能力具有不可分割的联系。如果说军队信息化建设更多的是解决信息系统、武器装备、信息资源、体制编制、军事理论和法规标准等的从无到有、从有到优的问题，那么说部队信息化工作所起的作用是将"我有"转变为"我能"，更多是为形成新质战斗力所做的努力，这是部队信息化工作最终目标。

二、部队信息化工作的主要内容

部队信息化工作涉及方方面面，且处于动态发展变化中，不同时期的工作内容和侧重点不同。按照相关的法规标准，部队信息化工作的内容主要包括：信息化知识普及，信息系统和信息化武器装备训练、使用和管理，信息资源开发利用，信息化人才队伍建设，信息安全保障工作，配套设施建设等。其中，信息化知识普及是涉及人的工作；信息系统和信息化武器装备训练、使用和管理是涉及系统的工作；数据是系统的核心，离开了数据系统无法工作，所以信息资源开发利用也可以归入系统方面；其他包括信息化人才队伍建设、信息安全保障工作，配套设施建设则属于搭建环境、营造氛围的工作。部队信息化工作就是将人、系统和环境不断融合、渐次推进、螺旋式发展。从部队战斗力形成要素来看，人是信息化素质高的部队官兵，装备是信息系统和信息化武器装备，通过战备、训练、管理有机结合是人和装备一体，共同打造信息化条件下部队新型战斗力。

三、部队信息化工作的主要特点

信息技术的融合性和广泛性,使得部队信息化工作具有基础性、整体性、融合性、协调性和实践性特点。

(一) 基础性

基础性是指部队信息化工作是基于网络信息体系联合作战能力形成的基础。部队信息化工作从内容上来看,大部分都是部队基础性的业务工作,如人员信息化知识普及、信息化装备日常管理维护、日常信息资源采集和维护、信息安全管理等;从参与对象上来看,也基本都是基层部队官兵,这些官兵执勤、战备、训练都要涉及到部队信息化工作;从任务功效上来看,部队信息化工作表面上好像和实战不直接相关。然而,"根基不牢、地动山摇",这些基础性的工作实际上是为"能打仗、打胜仗"提供基本保证。如平时的数据采集和保鲜,到了战时充分准确的数据信息就能够成为信息系统的"引擎",构筑、支持、服务于信息化条件下联合作战的共享信息环境。安全管理工作一旦出现问题,就可能触及底线,直接影响作战效果。可见,忽视掉任何一项基础性工作,部队实战能力都可能受到影响、甚至大打折扣。

(二) 融合性

部队信息化工作的融合性是由信息技术的融合渗透特性所决定的。当前信息技术在军事领域的广泛普及和深入融合,大大提高了各项业务工作的效率,信息技术也使得各类业务密切配合,信息在其中顺畅流转,由此,部队信息化工作与部队其他工作紧密联系且相互配合。首先,部队信息化工作不是独立于部队其他工作之外的单列的一项工作,而是融入各项工作之中,目的是以信息技术促各项工作整体推进。如信息化知识普及融入部队政治工作和训练工作中,通常作为党委中心组理论学习、首长机关训练、军官理论学习、士兵读书活动和军事训练考核的重要内容;再如信息系统训练、使用和管理融入部队战备、训练和管理工作中等等。其次,部队信息化工作不是将部队所有工作都纳入其中,而是聚焦于由信息技术广泛运用所带来的部队工作领域的新变化、新问题,和其他原有工作相比,更加侧重于信息技术推广和信息化文化培育。如部队信息网络普及所带来的安全问题,部队信息资源开发利用和维护保鲜等。第三,部队信息化工作支持并服务于部队战备、训练和管理工作,目的是在信息化条件下更好地推进整体建设,提升部队战斗力水平。

(三) 整体性

整体性是指部队信息化工作是体系性强的工作。部队信息化工作的效益体现在所有工作不偏离"为战服务"根本目标;部队信息化工作的效率是使得工作又快又好发展,降低成本,提升质量,是对部队建设水平全面的反映。为确保以上两点,信息化工作需要整体谋划、统一布局、综合评价。但由于平时融入部队各项工作中,整体效果体现不明显,然而,局部的短板弱项放到体系中就可能引发整个体系的问题,如单个的信息孤岛导致整体的互联互通困难。所以,只有加强各领域信息化工作任务之间的系统联系,整体性设计,才能反映部队信息化工作的全貌,才能在整体效能的发挥中发现各个要素的重要价值。

这一特点要求对部队所有领域的信息化工作和组织机构必须实行集中统一的规划管理、整体设计和全面评估,避免"碎片化",既要从"全局"的框架上对部队信息化工作进行规划、设计、组织、协调和控制,又要从"局部"领域需求上关注信息化工作效益,体现信息增值价值。

(四) 协调性

协调性是指部队信息化工作是重在协调的工作。信息化工作是跟着"信息走",信息流向哪里,工作就会做到哪里,所以部队信息化工作的基础就是信息的流通。搞好部队信息化工作需要统筹兼顾,与各个方面、各个领域、各个机关部队打交道,沟通信息渠道,确保工作顺利实施。协调性一方面体现在,部队信息化工作过程中需要积极稳妥地处理各种利益关系,妥善解决发展中产生的各种矛盾和问题,促进发展的良性循环,实现速度与结构、质量与效益的有机统一、和谐发展;另一方面,部队信息化工作对象包括人、装备、系统等各种要素。通过普及信息化知识使人信息化素养提升;通过信息系统和信息化武器装备训练、使用、管理,以及信息资源开发利用、信息安全保障促进装备系统信息化,通过信息化人才队伍培养、配套设施建设等营造信息化发展氛围,构造信息化和谐环境。以上工作都是在不断推进中协调发展,随着信息化工作地深入,人、系统、环境这三个要素逐步协调、融合,最终实现人、系统和环境的有机整体并统一步调。

(五) 实践性

实践性是指信息化工作要见实效。部队信息化工作是军队信息化的主要实践环节,信息系统和信息化装备只有通过部队运用实践才能产生实际的战斗力,没有部队信息化工作这个环节,军队信息化难以产生效益、达成目的。由于部队信息化工作需要投入大量的人力、物力、财力,投入必然要产生相应的效益,只是这种投入成本和产出的形态不同而已。投入的是物质和人力、财力资源,产出的是能力、技术和服务,是一种更高层次的资源和资本。由于部队信息化工作全依靠投入,如何以较少的投入获得最大的效益,是工作中重点关注的问题,因此关注效益这一特征贯穿了信息化工作的各个环节。当信息化工作缺乏科学指导、整体规划时,信息化投入只能获得较少的效益,甚至没有效益,这就是人们常说的"信息化黑洞"。因此这一特点要求部队信息化工作要和作战紧密结合,切实找准信息化切入口,使信息技术真正用在"刀刃"上,将信息化工作扎扎实实、有效推进。

四、部队信息化工作的基本要求

以建设信息化军队、打赢信息化战争为总目标,以新时期军事战略方针为统揽,坚持作战牵引、技术推动,强化应用、全员参与,常抓不懈、注重实效,全面提高官兵信息素养和信息化条件下部队整体作战能力。

(一) 作战牵引、技术推动

对部队来讲,作战任务是牵引,技术是推动,两者的关系不能倒置。部分信息化建设过于强调技术,往往陷入纯技术性思维,带来很大的局限性,由于任务需求不清,造成技术实现的目标不清;由于作战流程、内容标准不统一,技术标准也难以规范。部队信息化工作,首先要搞清任务问题,把机构设置、职能划分、相互关系、基本程序、主要内容等精细化、标准化,否则基于信息技术的应用就是空话,技术也无法持续发展。同时,作战和技术要深度互动、紧密衔接、不断磨合,技术不仅要"求高求新",更要"求简求效",始终围绕实现作战任务优选技术、使用技术、发展技术。

(二) 强化应用、全员参与

按实战要求和部队实际统筹推进各项信息化工作,每项工作都要能和任务紧密结合,都要实实在在解决问题,都要对提高战斗力有所贡献,都要经得起历史、实践和战争的检验。部队信息化工作不仅要以"用"为中心,还要"规范用""常态用""全员用",在应用中深化需求、反复实践、促进发展,特别要结合其他各项部队工作,实现互动共赢、迭代升级。

(三) 常抓不懈、注重实效

部队信息化工作着眼有效履行使命任务,聚焦基于信息系统的体系作战能力建设,兼顾完成日常业务的需要,确保平战一致、战训一致。在充分理解和准确把握信息化条件下作战特点规律的前提下,运用信息技术提升人员素质、系统效率,通过信息系统高效融合各类作战力量、作战单元和作战要素,加快转变战斗力生成模式,使部队信息化工作始终与谋打赢的要求相适应,最终目的是提高部队实战能力。

第二节 部队信息资源开发利用

信息资源是信息化条件下军队战斗力重要的构成要素,是军队建设和作战活动的重要支撑。加强部队信息资源开发利用,是部队信息化的重要工作,对于推动部队信息化加速发展,加快转变战斗力生成模式,具有基础性和引领性作用。

一、信息资源开发利用的主要任务

部队信息资源开发利用是以满足新质战斗力生成为根本,以信息系统和信息化武器装备使用、训练和管理活动为推进,以开发带动应用、以应用促进开发的过程。抓好部队信息资源开发利用工作,是在完成上级赋予的信息资源开发利用任务的基础上,对自身需要的信息资源的开发利用。

(一) 部队作战指挥信息资源开发利用

作战指挥信息资源,是为保障作战指挥活动需要而建设的信息资源。主要包括军队兵力信息资源、武器装备信息资源、作战决策信息资源、战场动态信息资源、作战情报信息资源等与作战指挥活动直接相关的信息资源。它主要用于军队作战指挥活动,是作战指挥活动中使用最多的必用信息资源。

作战指挥信息资源的采集通常由各级作战部门牵头组织,围绕建立完整的、具有唯一性的联合战场态势图,依托全军各类业务信息系统采集、获取、融合和高效利用相关信息资源,以实现实时动态呈现经多源情报融合的战场态势,保证战场透明和达成决策支持。

(二) 部队作战支撑信息资源开发利用

部队作战基础信息资源,很大程度上是共享信息资源,它是按照基础数据全军共享、业务信息有权共享的思路建立起来的信息资源。主要包括战场环境和敌情两大类,具体是地理空间信息资源、水文气象信息资源、电磁频谱信息资源、法规标准信息资源、国防设施信息资源、作战对手情报信息等六种类型。

部队作战基础信息资源开发利用,是指有关业务主管部门按照信息保障职责和标准规范,依托专业技术保障力量,负责从本领域专业信息资源中抽取、提供可共享资源,并进行规范描述、准确标识、及时注册。

(三) 部队演习训练信息资源开发利用

部队演习训练信息资源是指在部队演习训练中所产生的信息,主要包括训练演习方案计划、训练演习法规制度、训练演习导调与保障、训练演习数据等信息资源。它是部队信息资源的重要组成部分,是提高部队信息化作战能力的重要保障。

演习训练信息资源由作战部门、训练部门按职责分工统一组织,各级作战部队依托指挥信息系统、联合作战训练系统和本级业务信息系统按照上级明确的统报要求,搜索、归纳、整理训练演习中的数据,并最终形成所需有效信息的过程。

(四) 部队日常业务信息资源开发利用

部队日常业务信息资源是为保障日常业务工作需要而建设的信息资源,主要应用于嵌入式保障平台系统、军事训练系统、军务业务系统、政工业务系统、后勤业务系统、装备业务系统等业务应用系统。其既可分为部队体制编制信息资源、部队建设规划信息资源、部队武器装备信息资源、部队管理信息资源等与建设相关的信息资源,也可分为机要保障、教育训练、军务动员、政工业务、后勤业务、装备业务等日常业务信息资源。

部队日常业务信息资源的开发通常由军事、政治、后装保障等业务部门按职能分工,组织本领域日常业务信息资源的数字化开发、标准化改造和常态化维护,为作战指挥训练演习和其他业务工作提供基础属性的共享信息资源服务。部队日常业务信息资源的利用则是指将上述经过采集、处理并储存的信息资源提供给相关组织或个人,以满足信息需求的过程。

二、信息资源开发利用的组织实施

部队信息资源开发利用的实施,应从制定工作计划开始进行总体谋划;组织专兼职结合的信息资源开发人员队伍,按质量要求完成信息资源开发任务;以"共享为常态、不共享为特例",全方位促进信息资源利用。

(一) 组织部队信息资源开发利用人员

部队的信息资源开发利用人员,除信息通信保障人员外,主要是分散在不同岗位上的参谋、干事和技术人员,如人力资源部门的管理人员、保障部门的装备管理人员等。形成以专职人员为主,兼职人员为辅的信息资源开发利用的人员队伍。专职人员负责指导兼职人员，提高兼职人员工作的针对性，并负责信息资源的综合分析和处理；兼职人员负责相关信息的收集、录入、转换和更新。

除此之外，要充分调动广大基层官兵参与信息资源开发利用工作。信息资源开发利用范围广、对象多，涉及到情报、火力、电子对抗等部门，仅靠有限的信息资源开发利用人员，难以改变部队"有路无车、有车无货"的现状。另外，广大基层官兵是信息系统和信息化武器装备的操作者和使用者，对系统、装备的战技术性能、组织运用，以及存在的差距和问题最为了解，他们参与信息资源开发利用，既有利于提高信息的可靠性、真实性，还有利于避免信息资源建设只与上级机关和专业人员有关，事不关己、置身事外错误意识的滋生。

（二）拟制部队信息资源开发利用计划

部队信息资源开发利用计划，是对部队信息资源开发利用活动所涉及的目标、内容、职责和制度等进行的全面筹划和安排。

1. 确定部队信息资源开发利用目标

依据军队信息化建设总体目标和军队信息资源开发利用总目标，按上级信息资源开发利用的要求，结合本部队的实际情况，确定本单位、本部门信息资源开发利用近期目标、中期目标和远期目标，以明确信息资源开发利用的方向、范围和内容。

2. 规划部队信息资源开发使用的内容、范围及活动

现阶段部队信息资源开发利用的重点是新系统新装备的实战性能指标、部队作战行动和指挥活动数据，以及保存在优秀指挥员、参谋人员和技术人员头脑中的经验信息。要明确部队信息资源开发利用的分类、编码，本级信息资源的内容维护、在线服务，资源目录的注册、发布，资源共享的内容、范围、等级、共享的方式和责任，以及可配置资源的使用等。

3. 明确所属部队各部门在信息资源开发利用中的职责分工

合理确定各部门在信息资源开发利用中的职责，明确职能分工，理顺部门关系，如本级信息服务中心、数据中心、容灾备份中心的职权；本级信息交换设施、信息服务设施、信息应用平台、信息资源管理平台的建设、管理和维护职能，以及相关人员的权利义务等，以免造成资源分散和低层次的重复开发。尤其是要加强信息服务中心在信息资源整合、信息资源分配、信息资源核查等方面的业务管理职能，突出其主体地位。

4. 完善部队信息资源开发利用的各项法规制度

制订并完善确保信息资源开发利用工作顺利展开的信息安全法规、信息资源日常管理制度、信息资源操作规范等法规制度等。

（三）展开部队信息资源开发工作

部队信息资源开发是信息资源生产的一个过程，其任务是生成有用信息，以确保信息的供给。

1. 信息资源的采集

作为信息资源开发的起点和基础，信息采集的质量是决定信息资源质量的关键。部队信息资源采集就是通过各种途径和方式对相关信息进行搜索、归纳、整理并最终形成所需有效信息的过程。采集的主要方法有：侦察法、观察法、调查法、实验法、文献检索法、网络收集法、查阅法、联系法等。部队信息资源采集应根据全军数据工作规划和年度计划，以及上级部署的数据采集任务，细化本级任务，并组织本级各业务部门进行数据采集。在采集实施阶段，一要组织采集人员进行培训，二要全面落实采集任务。

2. 信息组织

依据一定的规则和方法将庞杂无序的信息有序化，以利于信息检索、管理与利用。主要方法有：分类组织法、主题组织法、字顺组织法、号码组织法、时空组织法、超文本组织法等。

3. 筛选与鉴别

信息资源的筛选与鉴别是按照军事需求优选信息和消除信息资源不确定性的过程，是提高信息资源质量的重要环节。筛选与鉴别信息资源重在通过筛选信息，提高信息的真实度和准确度，减少信息资源的不定度、未知度、疑义度和混杂度；通过信息鉴别把事关军队建设大局、影响国家安危、关系作战成败的重要信息彻底弄清弄准。信息资源浩如烟海，筛选与鉴别部队信息资源应做到：按军事需求筛选与鉴别目标，有计划、按步骤地选择和生产信息资源；应注意抓大放小，抓紧抓牢重要信息。同时，部队信息资源的特殊性还要求鉴别既要有定性鉴别，也要尽可能地使用定量分析，必须要用详实的数据对信息内容加以阐释。

4. 信息分析

利用各种智能分析和数据处理技术，通过对分类排序后的信息进行分析比较、研究计算，使信息具有更好的使用价值乃至形成新的信息资源。

5. 综合提炼

将特定用户需求的相关零散信息归纳整理，依据一定的关联关系，提炼出满足用户需求的信息产品。

6. 信息预测

在综合大量信息的基础上，归纳总结出信息所表征事物的发展规律，并根据这种规律预测未来一段时间内事物发展趋势。

7. 编码存储

通过分类与编码，将信息转化为便于通信系统传输、计算机系统检索、存储与处理的格式化信息资源——数据资源。数据资源的文字、语音、视频、图片、图像、多媒体等多种表现形式，是部队信息网络的核心资源。

8. 信息资源挖掘

信息资源挖掘是对信息资源的深层数据处理，基于人工智能和统计学等技术，高度自动化地对大量数据进行归纳推理，从中挖掘出隐含的、先前未被发现的、对决策有价值的知识和规则的高级信息处理过程和决策支持过程。

9. 信息资源的融合再生

信息资源的融合再生是对采集到的客观信息与人的主观思维能力有机融合生产出新信息的过程。信息资源的融合再生是在鉴别与选用的基础上，消除信息资源的不确定性，提高信息的可用性与可靠性。从而减少不定度、求知度、疑义度和混杂度。进行信息资源的融合再生，主要有人工融合和人工智能融合两种方式。

（四）推进部队信息资源利用工作

部队信息资源利用是信息资源开发的目的和归宿，是实现信息资源价值、发挥信息主导作用的最终环节。促进部队信息资源的广泛利用，应当基于信息资源的科学管理，根据需要开展部队信息资源的公开、集成、交换和共享。

1. 信息资源公开

部队信息资源既具有一般信息资源的共性又有其特殊性。部队信息资源公开就是依据相关法规制度和军事需求，在分类管理信息资源的基础上，结合信息公开内容、范围、媒介的规定，实现对信息资源的按级、按权、有限公开，扩大信息资源利用范围，提高利用效益，确保信息资源的有效利用。

2. 信息资源应用

部队信息资源的集成应用是信息资源利用的高级阶段，即有针对性地集成指挥信息系统和业务处理系统，广泛应用决策支持、模拟仿真、统计分析、定量评估等手段，推进科学决策和管理。主要通过加强多种来源、多种形式信息的融合处理，为指挥控制、精确打击和综合保障等作战活动提供有效信息支持；通过深化信息资源在教育训练、政治工作、后装备保障等业务领域的集成应用，有效提高业务工作的质量和效益。

3. 信息资源共享

实现部队信息资源的广泛共享，要依托信息资源共享交换体系和共享机制，推动跨部门、跨领域的信息资源共享；要根据各级各部门的需求和职能权限，结合共享内容、范围、等级和共享方式、共享责任，开展信息资源共享活动；要运用信息资源共享协调机制，科学管理部队信息资源共享活动。

4. 部队信息服务

部队信息服务主要是依托信息服务体系、依靠信息服务中心、利用信息服务平台提供各类服务。信息服务的内容依据信息系统的需求而定，服务的形式主要包括资源分发服务、数据展现服务、数据分析服务、联机分析服务、模型服务、知识服务、标准数据服务、数据目录服务、地理信息服务、数据产品服务、数据交换服务、数据查询服务等。

第三节　部队信息安全保障

部队信息安全保障，是指为确保基础网络、信息系统和信息资源安全进行的防护和管理等活动，渗透于部队建设各个领域，涉及密码保障、保密管理、安全防护和信息内容管控等多个环节，是部队信息化建设的一项经常性、基础性、关键性工作，需要综合运用技术、管理、教育、检查等手段，既保证信息安全，又不断深化应用。

一、信息安全保障主要任务

按照积极防御的总要求，基础网络安全实行体系防护、统管统建，重在提供公共安全服务；信息系统安全实行等级保护、以法促建，重在确保作战指挥领域安全；信息资源安全实行综合管控、分类抓建，重在强化信息共享安全；安全支撑条件实行同步推进、合力共建，全面打牢信息安全保障建用训管发展基础，推进从单网系、局域保护向跨网系、全域防护转变,从应对特定威胁的静态防护向抵御不确定风险的动态防御转变,从维护系统安全运行的保障活动向实施网络防御的作战行动转变,从依赖国外技术为主的外围加固式防护向基于自主技术的可信可控式防护转变。

二、信息安全保障组织实施

针对部队信息安全保障现状,必须贯彻科学发展、安全发展理念,积极采取新策略、新措施,在加快信息化进程的同时,高度重视信息安全保障工作,促进部队信息安全保障能力的整体跃升,从根本上解决信息安全问题。

(一)加强基础网络安全体系防护

1. 组织网络边界防护

按照"外部物理隔离、内部受控交互"的要求,军事信息网络与公共互联网实施严格的物理隔离。首先,必须严格执行相关规定,切实加强移动存储介质的管理。其次,要加强终端的管理,与外网相连的主机一定要实施"五专"(专人、专机、专线、专室、专盘)管理,并利用军事综合信息网安全防护系统,阻断内网与外网间的非法连接通路,有效防止从末端肢解内网的物理隔离。最后,在传输层面,鉴于军网光缆大部分为军民合建,军地光信道难以彻底分离,因此,重要的军事数据要采取全程加密措施,防止搭线接入和信号侦听。严格限制无线信道与内网连接。建设网间交换站点,保证不同承载网系信息受控交互。建设网络接入控制系统,对用户接入骨干网络进行安全管控。建设空海战场无线传输安全手段,设置无线接入站点,严格管控用户依托卫星、短波、集群等无线手段接入固定网络,抵御无线注入和跨网渗透攻击。

2. 开展密码保障建设

按照"统一共性设施、发展系列平台"的密码建设和保障要求,对现有密码基础设施进行功能完善、体制升级和结构改造,构建以密码数据中心为核心,以密码管理节点为主体,以密码服务节点为支撑,资源安全可控、部署机动灵活、系统抗毁顽存的新型密码管理体系。结合密码装备功能特点和使用模式,研发系列标准型密码装备平台型谱,构建精干高自主可控、安全可靠、接口标准的新一代通用密码装备平台体系,成系统、成建制形成密码保障能力。发展新一代密码技术,建立非线性密码理论与技术体系、抗量子计算攻击的新型公钥密码体制和量子密钥分发实验系统,研制形成多维化的第二代电子密码体系,提升密码抗攻击能力。

3. 完善监测预警系统

按照"末端感知、全域发布"的要求,在骨干网络层面统一部署入侵检测、流量监测和安全监察系统,在用户网络布设末端探测设备,强化安全事件原始数据采集,消除监控盲区死角。加强网络态势监控战备值班手段建设,升级完善网络事件关联分析、态势综合和舆情分析手段,及时判别攻击类型,准确追踪溯源,形成综合态势,掌控网上信息内容,为发布预警通报提供技术支持。建立重大、紧急网络与信息安全事件全网通报制度,提供特定威胁评估和预警信息订阅服务保障,为有关部门有效应对安全威胁,开展情报整编、网上信息管控和失泄密案件查处提供依据。

4. 提供公共安全服务

按照"统筹资源、统管服务"的要求,为各级安全防护中心和网络节点提供安全管理、应急响应、安全评估手段,支撑局域联动、广域协同的业务管理和应急响应。丰富病毒库、补丁库、攻击特征库等安全基础资源,向全网用户提供安全工具在线升级和远程技术支援。建立软件黑白名单库,强化合法软件遴选和非法软件甄别,有效阻止非法软件入网运行。采取关键设备和核心数据容灾备份措施,实施传输信道有线无线结合、多路迂回保障的冗余保护,增强重要系统抵御攻击和灾难恢复能力。

5. 推进自主产品应用

按照"先易后难、先简后繁、分步实施、有序推进"的要求,落实国产军用关键软硬件应用推进总体计划,从软件移植和硬件替代入手,典型系统试验先行、作战领域重点突破,优先组织指挥信息系统、信息化主战武器等系统的自主化改造。大力发展安全芯片、安全操作系统、可信计算和量子密码等技术,研发具有内在安全机制的自主基础软硬件,提升系统"免疫"和防护能力。依托国家重大科技专项,开展自主可控信息系统标准规范、技术攻关、产品应用等方面的军地合作,通过军事应用牵引和促进国家信息产业自主发展。

(二) 实施信息系统分级分类防护

按照军队信息系统安全等级保护的法规制度,信息系统安全等级保护工作包括定级、备案、建设、测评、整改五个环节。定级环节用于确定信息系统的保护等级,区分安全保护的重点;备案环节用于审核信息系统的保护等级,并进行统一登记管理;建设用于构建军队信息系统的安全防护体系,既包括技术方面的软硬件系统,又包括管理方面的制度规章;测评环节用于检验评价信息系统安全建设实际效果,判断安全保护能力是否达到相应标准要求;整改环节用于健全信息系统安全防护措施,使得不符合等级保护要求的信息系统具备相应等级安全防护能力。

1. 定级

定级是指根据信息系统遭到破坏后,对军事行动、日常业务、官兵思想的直接损害程度确定信息系统保护等级的过程。定级是等级保护工作的首要环节,目标是信息系统使用单位按照国家和军队有关管理规范和军队信息系统安全等级保护定级的相关政策法规,确定信息系统的安全保护等级,信息系统使用单位有主管部门的,应当经主管部门审核批准。定级工作包括初定、审批两个环节。初定是指初步确定安全保护等级,并形成定级报告待审批;审批是指审核、确认和批准信息系统保护等级。信息系统主管部门负责初步确定信息系统安全保护等级,并将定级报告和定级审核申请表提交相应信息通信部门,由信息通信部门负责审批。

2. 备案

备案是指统一登记、存储军队信息系统名录以及等级保护工作实施情况的过程。备案工作依托网络安全防护中心,组建等级保护备案机构,受理备案申请,负责备案管理。备案工作包括申请、受理和管理三个环节。

3. 建设

建设是指军队信息系统主管单位根据批准的安全保护等级,对信息系统的网络边界防护、恶意代码防范、安全检测、安全审计、策略管理、应急响应、密码加密、可信防护、证书认证、自主可控、运维管理以及人员管理等方面软硬件系统建设与制度建设。新建信息系统立项前，军队信息系统主管单位应根据批准的安全保护等级要求，同步制定系统安全防护方案，由上级信息通信部门会同保密、机要部门结合立项审查对等级保护相关内容进行审查，未通过安全审查的不得申报立项。同时，安全防护系统建设，应选择具备军队信息系统安全等级保护资质的建设和支撑单位，使用符合军队技术体制、满足相应安全要求的信息产品。

4. 测评

测评是指依据等级保护制度规定，按照有关管理规范和技术标准，对信息系统安全等级保护状况和信息安全产品等级进行检测评估的活动。信息系统竣工验收前，由建设主管部门提出等级测评申请，信息通信部门会同机要、保密管理部门组织测评专业力量，按照核准的安全等级组织测评，未通过测评的系统不得投入使用。通过等级测评的信息系统，由建设主管部门提出入网申请，信息通信部门组织入网运行。在军队信息系统建设完成投入使用后，应当依据军队信息系统安全等级保护测评要求等技术标准，定期对军队信息系统安全等级状况开展等级测评和自查（检查）；四级和五级信息系统每两年至少进行一次测评，三级信息系统应当每三年至少进行一次测评，二级和一级信息系统根据实际情况组织测评。经测评或者自查，信息系统安全状况未达到安全保护等级要求的，应当制定方案进行整改。

5. 整改

整改是指按照等级保护标准规范设计、调整和实施信息系统相应安全保护措施，确保满足等级保护要求的过程。整改工作通常在信息系统定级和测评完成后，根据确定的信息系统安全保护等级或针对测评中暴露的问题，由信息系统主管部门组织实施。在信息系统运行维护过程中，因需求变化等原因导致局部调整，也应根据需要组织进行整改。

（三）强化信息资源安全综合管控

适应信息资源深度开发和高效利用的新发展，依据数据密级和承载环境确定防护强度，依据数据管理方式和共享模式区分安全责任，以关键数据为防护重点，以存储传输加密、身份认证鉴别、授权访问控制为主要防护手段，同步做好信息内容安全监管，强化信息资源建设应用各个环节安全防护。

1. 加强信息存储安全保密

对关键数据实施要点防护，全时监控机房环境和硬件平台运行状况，部署数据存储加密设备，逐步采用国产安全数据库和操作系统等基础软件，确保信息存储软硬件环境安全可靠。由保密管理部门会同机要部门，依托各部门日常办公和业务信息系统，通过集成改造和安全嵌入方式，推广应用涉密电子信息集中管控专用软件，部署涉密电子文件标签水印工具，加强涉密终端和存储介质管控，为实现涉密办公电子信息使用可管、泄密可防提供手段支撑。

2. 加强信息内容安全监管

军事网络承载的有关信息，由发布的单位或个人承担信息内容安全责任，信息发布网站主管部门建立完善信息内容安全审查、检查的手段和机制，及时删除违法有害信息。信息保障部门会同宣传、保卫部门，建立军事网络信息内容监测检查工作机制，明确信息内容监管职责分工和审计监察工作流程。信息保障部门负责网站开通审核备案和安全检查,建立网上信息内容检测筛查手段。宣传部门负责制定网上信息内容检测规则。保卫部门负责查处有关信息内容方面的违法犯罪活动。

(四) 完善信息安全保障支撑条件

着眼提升信息安全保障"软实力",推进政策理论、法规标准、保障力量和文化环境等支撑条件建设。

1. 深化理论和重难点问题研究

深入分析国内外信息安全形势发展变化,跟踪掌握世界主要国家网络空间重要动向,加强部队信息安全建设需求、部队信息安全管理等关键问题研究。结合网络攻防对抗演练,深化网络防御战法训法研究。组织信息安全工作论坛,搭建理论研究、情报共享和经验交流平台。各级各部门结合职能分工和工作实际,针对信息安全保障工作实践中出现的突出矛盾和问题,及时组织研究,拿出真招实策,破解发展难题。

2. 强化安全防护力量和人才队伍建设

人才队伍建设是信息安全保障工作的基础支撑和核心内容,主要包括专业防护力量、队属防护力量、支援保障力量和预备役保障力量建设和人才培养。加强信息安全保障力量建设,对提升信息安全保障能力具有决定性作用。

信息安全专业防护力量建设。以战略支援部队、战区(军兵种)、地区三级安全防护中心为基础组建,主要负责军事信息网络的安全评估、监控预警、入侵防御和应急恢复等任务。

信息安全队属防护力量建设。以各级网络节点和指挥所信息系统保障分队为基础组建,主要负责各类网络节点、信息服务保障中心、指挥所信息系统和业务信息系统的安全防护与应急处置。完成骨干网信息节点和末端网络安全防护力量建设。完善重要业务信息系统安全防护力量建设。

信息安全支援保障力量建设。以军内科研院所和相关院校专业人员为基础组建,平时负责安全防护手段建设、技术研发和专业教学,战时抽组成立专业保障分队提供技术支援。在相关院校中成立信息安全教研室,在军内科研院所中建立国家级信息安全重点实验室。调整充实军队信息安全专业研究机构,组建军队信息安全总体研究所。

信息安全预备役保障力量建设。以工信部、公安部、安全部等国家部门和信息安全领域企业、科研院所人员为基础组建,平时定期组织战备训练,战时抽组成立专业保障分队集中使用。推动建立国家级信息安全防护预备役部队,推动建立各省(直辖市)信息安全防护预备役分队。

3. 营造浓厚信息安全文化氛围

把信息安全文化建设作为各级机关和部队的经常性工作,牢固树立保安全就是保打赢的思想,充分发挥广大官兵在信息安全保障工作中的主体作用,提高自我防范、自我约束、自我管理能力。适时组织部队信息安全集中教育,通过专题辅导、网上授课、知识竞赛、在线答题等多种方式,强化部队官兵信息化条件下敌情意识和网络空间安全意识。组织"信息安全知识进军营"活动,印发信息安全教育读本,在全军范围普及信息安全基础理论和基本防范技能。广泛宣贯信息安全法规制度,采取多种形式普及信息安全知识,形成人人抓安全、事事重安全、时时保安全的良好氛围。

(五) 加强信息安全保障措施

1. 加强信息安全保障组织领导

建立协调机构。充分发挥各级网络安全和信息化领导小组职能作用，统筹本级信息安全保障工作，协调解决跨领域跨部门的重难点问题。根据自身情况，指定相应部门负责信息安全保障工作，形成集中统一、上下衔接的信息安全保障工作领导管理体系。

加强统一领导。各级党委、领导干部要高度重视信息安全保障工作，严格落实信息安全责任制，军政主官亲自负责，分管领导直接抓，切实把信息安全保障工作列入重要议事日程。部队每年至少两次集中研究信息安全保障工作，组织开展信息安全保障教育和检查活动，及时研究解决信息安全保障重大问题。

明确职责分工。信息系统安全"谁主管、谁负责"；信息内容安全"谁发布、谁负责"；信息交互安全"谁使用、谁负责"。第四，实行归口管理。保密管理部门抓好安全保密监督检查；机要部门抓密码设备管理；信息通信部门抓好通信网络安全电磁监控；装备部门抓好信息安全装备管理。

2. 强化重点岗位和核心涉密人员安全管控

把思想防范和制度防范结合起来，进一步明确各级领导干部信息安全管理责任，强化理想信念教育和警示教育，切实从思想上筑牢安全防线。严格落实密码工作条例和保密条例中对核心涉密人员的管理要求，严防内部人员泄密卖密。加强信息系统管理员、数据库管理员、网络安全策略配置人员等重点岗位人员的管控，严格政治审查和经常性政治考核，严控出国考察培训，建立重要岗位人员网上操作行为监控和审计手段，完善分级分类、责权相符的操作权限控制约束机制，降低个人违规违法操作对全系统带来的安全风险，确保重要岗位不失守、核心要素不失控。

3. 组织攻防对抗联演联训

网络攻防演练是检验信息安全综合防护水平的重要途径，主要包括完善联训联演机制、建立演训环境、开展实战化演练等内容。通过开展经常性网络攻防对抗演练，实现在实战背景下专攻精练，全面提高信息安全保障能力。

开展网络攻防演练的总体思路是：针对训练环境和设施条件不完善、协调机制不健全、演练实战化程度低等问题，将网络攻防演习训练作为部队战斗力生成模式转化的重要抓手，构建高仿真网络攻防对抗环境，推进常态化、规范化、高效化的网络攻防演训机制，以攻验防、以演促建，检验网络攻防作战理论、锻炼作战队伍、验证装备手段、提升实战能力。

建立网络攻防联训联战机制。坚持攻防互促、军地一体，突破分系统、单要素的简单训练模式，构建侦攻防各类力量平时联合训练、战时联合作战机制，定期组织网络攻防演练，验证应急预案，完善处置机制，检验网络安全防护和应急响应能力。建立联合参谋部和诸军兵种网络空间作战联合演习机制，重点演练网络空间作战和应急处置谋划决策和行动指挥流程，验证作战指导和战法运用，强化指挥作业能力；与国家相关行业、领域建立网络攻防专项演练机制。建立网络空间作战军地联合演习机制，组织国家、军队、行业等多元力量参加网络空间作战演习，重点演练网络空间大规模重大突发事件指挥决策和应急处置。

建设攻防对抗演训环境。以联合作战、多样化任务和网络战实际威胁为背景,构建涵盖通信网络、指控系统和信息化武器平台仿真要素的网络攻防试验环境。完成网络防御作战研究与培训基地建设,开展战区、军兵种训练基地网络攻防环境建设。建设网络空间对抗靶场,在现有作战实验系统中增设网络攻防作战模型和功能模块,探索组建模拟强敌、具备网络攻击能力的"红客"部队,完善网络攻防对抗训练、教学支撑条件。

军队内部和军地之间网络攻防对抗演练。将网络攻防训练演习纳入国家应急演练和军事训练体系,完善保障基础设施,逐步提升规模和层次,实现网络攻防训练演习的制度化、规范化。完善军事训练大纲,逐步将网络攻防对抗融入到战略、战役、战术训练各个环节中,联合国家相关部门开展军地网络空间协同攻防演练。实现军地网络攻防演练常态化、系列化,积极参与网络空间国际攻防对抗演习交流合作。

4. 加强信息安全检查和执法

坚持进行经常性安全保密检查,严肃查处信息安全违法违纪事件,严格执行信息安全事件通报制度,坚决纠正隐情不报和大事化小、小事化了的不良倾向。

5. 加大信息安全保障经费投入

适应军队信息化建设发展需要,按照现行经费保障渠道和职责分工,采取正常经费与专项经费补助相结合的办法,加强跨领域、跨部门和基础性、关键性信息化建设,优化投向投量,保障重大建设项目信息安全经费需要,严格建设过程中的经费使用管理和审计监督,确保经费使用效益。

6. 深化信息安全领域军民融合

积极协调国家有关部门,建立完善军地信息安全保障情报交流、资源共享、技术共用,以及信息安全事件应急处置协同、互联网涉军信息内容联管等方面的工作机制。充分利用国家科技创新成果,加快解决军用关键软硬件自主可控难题。论证组建以国家有关部门、军工单位和地方信息安全企业安防力量为基础的信息安全预备役部队,作为平时技术支持和战时力量补充。

部队信息安全保障工作,是一项长期而艰巨的任务。随着信息化建设的深入,新情况、新问题仍将不断涌现,需要在今后的工作中继续努力实践、积极探索,进一步摸清信息安全保障的特点规律,为军队信息化建设健康发展,为提高部队战斗力提供可靠保证。

第四节 部队信息系统管理

管好用好信息系统是部队各级人员的重要职责,也是一项复杂艰巨的任务。信息系统管理贯穿信息系统生命周期的全过程,涉及系统的全部组成部分,管理对象包括物、人和一切与之相关的信息活动。科学有效的信息系统管理是保证系统高效运行,提高保障能力的基础条件,也是衡量部队信息化建设管理水平的一项重要内容。

一、信息系统管理主要任务

部队信息系统管理的基本任务是,通过决策、计划、组织、协调和控制,保持各类作战、训练、管理和日常业务信息系统的正常使用,保持其优良的战技性能。由于部队信息系统属于部队军事装备,因此管理活动应该既具备一般军事装备管理的普遍特征,又具有其特殊性,应围绕系统本身及其延伸涵盖的领域,从应用、装备和技术三个层次展开。

(一) 信息系统应用管理

与信息系统关系密切的人员包括指挥参谋人员(终端用户)、业务主管部门人员、技术保障人员和系统开发人员,前三者构成部队信息系统应用群体的主体。较高层次的管理就是涉及此类群体的应用管理,用于支持信息系统的使用,对其使用情况进行评价,对其不足和新的需求进行反馈。部队信息系统应用管理包括以人为主要对象的组织管理、以应用发展为重点的规划管理、以提供服务为核心的业务管理和以信息安全为内容的系统安全管理。

1. 组织管理

组织管理旨在建立健全组织管理体系,解决好管理者自身的队伍建设问题。由于信息系统具有复杂性和系统性,需要建立一个涵盖各层次、各领域的完整组织管理体系,将人和装备有机地结合起来,使其物尽其用,最大限度地发挥整体效能。改革完善部队信息系统管理组织体制,构建科学合理的组织架构,理顺业务关系,合理配置力量,使信息系统管理层次更为简捷、管理职能更加明确、指挥协调更加灵活、网系运行更加高效,是部队信息化工作的重要内容。

信息系统组织管理需要明确以下几点:①高层参与对信息系统的组织管理,把高层领导和部队主官作为系统管理的"第一责任人",可强化信息系统管理的权威,提高管理使用效率。②形成相对完整的信息系统管理链条,建立纵横贯通的管理组织,实现矩阵式管理模式。③依据作战任务灵活调整系统管理关系和权限。系统组织管理体系是一个动态平衡系统,与指挥体系相适应,灵活性的管理结构可适应更加复杂的指挥关系变化。

2. 计划管理

计划管理就是用计划把信息系统各项工作全面组织起来的管理活动。计划管理的任务就是根据相关条令条例以及装备管理的实际情况,通过编制信息系统工作计划、合理地使用资源,高效地组织装备管理的各项活动,同时,对影响装备管理的因素进行统一协调,促进管理活动的有效运转。

计划管理的目的是适应信息系统服务的需求变化,收集需求信息、分析、整理和评估,使信息系统的构建、运行和使用满足用户的要求。部队信息系统计划管理内容包括编制计划、执行计划和对计划进行调整三个环节。编制计划要注意以下几个方面:①以党委、首长和上级业务部门的应用需求为依据。②充分收集信息。在制定计划时,不管计划的大小、重要与次要,都要全面地分析和考虑管理资源的各个要素。③要进行技术评估。信息技术发展迅速,需要对当前和预期的通信和信息服务技术进行评估,使计划符合当前和未来一定时期的技术趋势。

3. 业务管理

业务管理是为了更好的满足用户需求,向用户提供所需服务的一系列管理活动,包括确定业务需求、承诺服务质量、签订服务约定、提供服务、获得服务回报和接受反馈等环节。

信息系统业务层面的管理主要针对业务生命周期的各个关键环节,包括业务预测、业务规划、业务开通、业务实施、业务保障和业务评估等进行监视和操作控制,以提高面向任务的服务质量和服务效率。业务管理任务包括通用管理、基础管理和专用管理三类。通用管理是对信息系统所有业务的整体管理,包括业务的生命周期管理、配置管理、安全管理、日常的维护和告警管理等;基础管理是针对绝大部分业务的基础管理活动,包括业务管理访问鉴权、业务激活/去激活、业务量统计等;专用管理是对某类业务或某类业务用户提供的管理,与具体业务的相关性大,如业务效率评估管理、业务有效期管理。典型的业务管理内容如定制管理、配置管理、用户管理、维护管理、安全管理、控制管理等。

4. 安全管理

信息系统的安全保密包含两层意思。①指对人身的安全和系统本身承受自然灾害、人为破坏、操作失误和系统故障后对信息处理系统的正确性、完整性、可用性的考验。因此,安全性也包含可靠性。②对系统中信息资源的存取、修改、扩散及使用权限的控制。危及系统安全的主要因素有人为疏忽、管理漏洞、蓄谋作案和故意破坏、系统本身故障以及自然灾害等。管理的目标是通过组织、技术来保证系统、资源和人身的安全。安全保密管理的主要任务包括:系统硬件、软件的可靠性允许;系统中信息、数据的安全可靠;计算机网络和通信系统中的防截获和窃听;存储在计算机中的数据、信息和程序的防破坏、篡改和盗窃;对计算机系统可靠性和安全威胁评估等。

(二) 信息系统装备管理

信息系统装备关联诸军兵种各个作战业务领域,有多个分系统构成。信息系统装备构成上的复杂性、多样性、分散性,以及"软硬结合"特征,增大了系统装备管理的难度。信息系统装备管理包括信息网络管理、硬件管理、软件管理和数据管理。

1. 信息网络管理

信息网络管理是指监督、控制网络资源的使用和网络运行状态的活动。其目的是使网络达到"可接受"的程度。单就技术层面来说,信息系统的网络管理与一般民用信息网络管理存在许多共性。但由于部队信息系统用于作战这一特殊领域,其网络管理任务也就具备作战管理层面的内容。

信息网络管理任务主要包括网络规划、网络配置、网络监控、网络评估和网络维护。其中网络规划任务是确定系统网络的拓扑结构、关键网络设备的配置位置、电路调度方案、IP 地址域名管理,以及搭建起系统网络架构,为系统用户接入网络奠定基础。网络设置是对网络设备进行参数配置的活动。网络监控任务是获取网络运行状态,了解网络运行情况,为网络控制提供依据。网络评估任务是了解掌握网络的整体运行情况。网络维护是对网络设备、网络支持软件系统及相关信道的检测、故障诊断、故障修复和故障记录。

2. 硬件管理

硬件管理的主要目标是,在信息系统交付使用后,对各种硬件设备进行经常性的维修保养,使其处于良好状态。硬件管理的主要任务是:定期检查测试、及时维护修理、准确记录使用情况和各种数据、建立健全技术资料档案等。硬件管理贯彻预防为主,日常维护与集中整修相结合的原则,不断总结经验,改进工作,提高管理质量和水平。

建立合理的维修体系是做好硬件管理的重要前提。部队信息系统的硬件设备种类多、集成度高、技术复杂、发展很快,要依据设备的列编列装建立维修体系,即建设各级专业维修中心,以及必要的机动维修分队。在保证安全保密的前提下,充分利用地方技术力量,就地解决硬件设备的维修保养问题。

3. 软件管理

软件是信息系统的重要组成部分,其管理水平如何,对发挥系统功能和使用效率将起决定性的影响。我军在软件开发、应用与管理等方面成效显著,但对软件管理的认识还存在不足,"重硬轻软"的现象还普遍存在。首先应树立软件是装备、而且是信息系统的重要装备的认识。在技术上,要做好软件的经常性管理工作,主要任务是软件规划、软件测评、软件登记和软件维护。加强信息系统软件总体设计,用好管好重要的共性软件,提高软件的使用效率。软件测评应科学、公正、权威,依靠专门的软件测评机构,按照相应的软件测评标准和规程测评。软件登记制度化,并建立软件档案库。

软件维护是指软件交付使用后为纠正软件错误,改进装备性能或使装备适应改变了的环境而进行的软件修改活动。软件维护是延长软件生命期、提高软件使用效益的重要措施。在实际维护过程中,随着软件规模的不断扩大,尤其是对许多没有按软件工程的方法开发的软件,需要投入大量的软件维护工作。软件维护活动包括:改正性维护、适应性维护、完善性维护、预防性维护。软件维护趋向专业化,即依靠专门的软件维护队伍和专业的技术工具,规范软件开发和维护流程,如软件版本修改、更新要经过严格审批,以保证软件的相对稳定性。

4. 数据管理

战略层次的数据管理主要是从全局上保证信息系统内基础数据的完整性、准确性、时效性和安全性。主要任务是收集相关数据、整理并组织;组织各级各类人员完善兵要地志数据、水文气象数据、海洋测绘数据、空情特征数据、电磁频谱参数,以及敌方情况数据等。战时应根据作战要求,为作战方向指挥人员提供数据信息支援。

战术层次的信息系统数据管理不同于情报侦察系统、指挥人员和其他系统用户等数据生产者在数据采集、获取阶段对原始数据的管理任务。信息系统数据管理的重心,应该是对所有进入系统(上网运行)的数据管理上。其主要任务是在数据的输入、流动、存储、检索和发布环节保证系统内数据的准确性、时效性、可用性、完整性和安全性等。信息系统数据管理是贯穿信息由信源经信道到达信宿,再由信宿循环反馈全过程的工作。系统业务主管部门通过行政管理和技术措施,保证对流动与系统中的数据资源进行组织和监控。

(三) 信息系统技术管理

信息系统技术管理,是指从专业技术层面对信息系统实施的管理活动,主要负责信息系统的维护和控制。从一般的任务设置来看,技术管理涵盖了可运行性的各个方面,包括故障管理、性能管理、配置管理、技术服务等任务域。由于技术管理处于较低管理层次,属于微观管理范畴,更具技术性和专业性,对保证系统正常运行作用更直接、效果更明显。

1. 故障管理

故障管理是当网络发生异常情况(故障)时所采取的一系列管理活动。这一系列活动包括与故障管理有关的管理参数的确定、故障指标管理、故障监视、测试和故障定位、故障恢复等。故障管理保证网络资源的无障碍无错误的运行状态,包括障碍管理、故障恢复和预防保障。障碍管理的内容有告警、测试、诊断、业务恢复、故障设备更换等。预防保障为网络提供自愈能力,在系统可靠性下降,业务经常受到影响的准故障条件下实施。在网络的监测和测试中,故障管理一般参考配置管理的资源清单来识别网络元素。如果维护状态发生变化,或者故障设备被替换,以及通过网络重组迂回故障时,要与资源管理信息库互通。

2. 性能管理

网络管理的主要任务就是对其运行状态进行监视管理,当网络产生故障时,实施故障管理。当网络没有产生故障,或没有产生能让故障管理进行处理的故障时,由于各种原因导致网络质量或服务质量下降,就要使用性能管理。性能管理包括对网络、网络单元或设备进行性能监视,采集相关的性能统计数据,评价网络单元的有效性,报告通信设备的状态,支持网络规划和网络分析。性能管理的目的是维护网络服务质量和网络运行效率。为此,性能管理除提供性能监测、性能分析、以及性能管理控制功能外,还要完成性能数据库的维护以及在发现性能严重下降时启动故障管理系统等任务。

3. 配置管理

网络或系统的配置是指网络或系统中各种工作设备、备份设备以及设备之间关系的状态。为了保证网系经济、可靠、高效和安全地运行,需要对网系上的配置进行调整,对网系配置进行调整的管理活动,就是配置管理。配置管理的目的是管理网络的建立、扩充和开通。为此,配置管理主要提供资源清单管理功能、资源开通功能、业务开通功能、以及网络拓扑服务功能。配置管理是最基本的网络管理功能,它负责建立网系资源数据库,来支持所有其他管理功能所需要的网系资源信息。配置管理是一个中长期的活动,它要管理的是网络扩容、设备更新、新技术的应用、新业务的开通、新用户的加入、业务的撤销、用户的迁移等原因所导致的网系配置的变更。网络规划与配置管理关系密切,在实施网络规划的过程中,配置管理发挥最主要的管理作用。

二、信息系统管理组织实施

部队信息系统管理是一项系统性工作,其组成的各要素、各环节相互关联与制约,直接关系到信息系统管理的整体效益。部队信息系统管理的组织实施,是依托信息系统管理机构,以先进的管理思想为指导,运用科学的方法和手段,从人员、装备、行为和制度着手,实行现代化规范化管理。

(一) 组织管理力量

信息系统管理工作在本级首长统一领导下,由信息通信(保障)部门会同作战部门组织实施,其他相关部门和系统保障分队参与有关工作。

信息通信(保障)部门是组织实施信息系统管理工作的主要部门。其职责主要是参与审核系统使用需求,制定系统使用保障计划,组织实施系统使用和管理,指导协调、督促检查系统使用保障工作,定期通报系统使用管理情况。

作战部门协助组织系统使用管理工作,相关业务部门提出本部门系统使用需求,由作战部门汇总和审核本级系统使用需求。作战部门牵头组织数据使用管理,各业务部门负责本业务专用数据使用管理;机要部门组织密码保密系统使用管理;保障部门负责信息系统配套环境、场所建设管理。各部门都应协助实施本部门所用系统的使用管理,负责本部门系统使用人员与使用场所管理。

系统保障分队在本级信息通信部门的指挥下，具体维护本级信息系统的正常使用。主要职责包括维护本级信息系统设备，保证系统稳定可靠运行，以及实时掌握系统运行和使用情况，及时分析、排除、恢复各类系统使用故障等。

部队信息系统管理机构为推进管理工作顺利实施，需要建立相应的管理运行机制和工作机制。运行机制是保证部队信息系统正常运行的基础，主要针对部队信息系统管理工作实际，建立一套与现有装备相配套、适应信息化条件下新系统管理模式的运行机制，对部队信息系统管理各项工作、各个环节和具体的业务流程做出科学界定，为管理工作提供科学遵循。工作机制主要包括：目标管理责任机制、监督机制、激励机制、考评机制。其中，目标管理责任机制通过明确责任主体、责任对象、责任目标、责任形式，并视责任目标完成情况实施奖惩；监督机制是指定期对信息化建设主体人员情况进行评估，便于及时发现问题；激励机制善于带动部队管理人员的积极性和主动性；考评机制用来评估装备管理效果，是推行管理激励机制的主要依据。

（二）明确管理要求

明确信息系统管理要求，有利于促进部队战斗力的提升，有利于提高军事管理效率。

1. 信息系统日常管理的特点与要求

部队信息系统日常管理的特点为长期性、全局性和基础性。长期性体现在，是指信息系统自投入使用之日起，到它被新系统替代为止，整个运行期间内基本不存在停用期。正因为如此，管理活动时间长，维护工作量大，运行维护消耗高。任何管理不善、使用不当、维护不佳，都将直接影响系统使用效能的发挥，甚至会缩短系统生命周期。系统性体现在，信息系统类型多，小到一个应用软件，大到一个系统平台、一辆指控车，管理工作涉及范围广，不仅涉及使用分队，还包括修理分队，不仅包括司令部门、后装部门，同时也涉及政治部门等，这些装备的日常维护靠所有使用人员积极参与维护。管理工作涉及领域多，不仅包括装备管理、人员管理、行为管理，还包括软件管理、资源管理、安全管理等，管理全局性强。基础性体现在，信息系统管理工作是部队管理的基础性工作。在日常工作中，只有做好性能管理、配置管理、故障管理，才能保持信息系统的良好运行性能；只有做好组织管理、规划管理、业务管理和安全管理，才能使信息系统充分发挥其应用效能；只有做好硬件、软件和数据的维护，才能使信息系统能够随时重组和恢复。除此之外，部队信息系统日常管理工作，也与人员信息化素质培训、业务素质训练、爱装管装教育等融合在一起。可以说信息系统的日常管理，是信息系统生成战斗力的基础性工作，这是信息系统日常管理工作的一个显著特点。

部队信息系统日常管理的要求包括：一是加强领导，常抓不懈。加强领导，就是将信息系统日常管理作为部队建设的全局性工作，切实做到党委集体经常议，各级主管亲自抓，机关协力办。长抓不懈，就是将信息系统日常管理作为部队建设经常性工作来抓，做到"经常抓、抓经常"，"持久抓、抓持久"，将管理工作融入到部队政治教育、军事训练、日常管理、基础设施建设中。二是责权对应，赏罚严明。信息系统日常管理既有层次分工、也有专业分工。责权对应，要求管理岗位与管理任务相对应，明确管理责任和管理权力，使得处于管理岗位的各级领导和机关人员、专业技术人员、操作使用人员等各司其责。赏罚严明要求严格按照管理绩效实施奖惩,将管理责任与利益紧密联系,奖励与惩罚手段并用。三是平战结合,用管统一。平战结合要求管理工作既能保证部队完成平时建设、战备、训练和执勤任务,又能为完成战时作战任务做好充分准备。用管统一要求将系统管理与使用效益二者有机结合,既要尽可能满足军事需要,又要有限度使用管理资源,提高管理效益,以较小的投入保障平时和战时需求。四是科学组织,严格规范。信息系统日常管理涉及业务众多、技术繁杂、领域广泛。科学组织要求将科学意识广泛渗透到各项管理工作中,掌握与信息系统装备想适应的科学技术知识,提高科学管理水平。严格规范是指严格按照有关标准,合理规范和约束管理活动,尤其是对软件密集程度高的信息系统,更应该加强规范性操作使用和维护,以确保其战技性能。

2. 部队信息系统战备管理的特点和要求

部队信息系统战备管理的特点是强制性、限时性、协调性、经常性和突击性结合。强制性体现在,战备管理活动主要依据战备制度强制执行,任何违反战备制度的行为都被禁止,因此不是软管理的性质,而是硬管理的性质。限时性体现在"兵贵神速",打仗如此,管理必然密切配合。信息系统主要用于军事指挥的关键环节,为决策支持服务,任何贻误都将影响全局。因此,管理工作时限性要求非常高,必须在规定的时间期限内完成相应的管理工作。协调性体现在,信息系统种类多,涉及单位人员广,需要和多个部门、分队进行协调、合作,以共同完成战备任务。经常性和突击性结合体现在,装备战备是由平时转入战时的关键环节,能不能将平时正常训练、管理的信息系统,顺利有效地转入战时状态,在很大程度上取决于信息系统战备转换的程度。信息系统和传统装备重要区别在于处于"热备份"状态、而非"冷备份"状态,就是说为了保障信息系统战时有效运转,系统升级和数据更新是一项经常性管理工作,同时在战备时能够突击实现系统状态转换,以达到迅速投入作战使用的目的。

部队信息系统战备管理的要求包括,一是任务牵引,紧贴实战。战备管理工应紧紧围绕军事斗争需要,紧密结合各级、各部队在军事斗争中的作战任务和其他任务,以能够快速、有效地遂行作战任务和其他任务为根本标准,把信息系统管理工作的普遍要求与各级、各部队遂行具体战备任务的特殊需求有机结合起来,使战备管理工作既统一规范,又紧贴不同任务实际。二是统筹兼顾,突出重点。信息系统战备管理既要统筹兼顾全局和各项装备战备工作的全面落实,又要突出管理工作的重点。统筹兼顾就是要统筹好信息系统建设管理工作全局,促进战备工作的全面协调发展;突出重点就是要根据不同时期、不同阶段军事斗争的需要,结合部队实际,突出战备管理工作重点。三是统一规范,系统配套。信息系统管理系统性强、技术性强,各项工作相辅相成。应当注重对信息系统战备工作的统一规范,建立和完善战备工作的法规体系,形成系统配套的信息系统战备工作体系。要建立和完善信息系统战备法规、制度、标准,使战备工作有法可依、依法办事,增强管理工作的规范性和统一性,形成良好的战备工作秩序。四是立足现实,注重实效。信息系统战备管理工作必须立足于现有装备、现行体制、现有保障条件等客观实际,按照有利于战备管理、有利于平战转化、有利于提高部(分)队快速反应和保障能力的基本思路,注重实效,改善战备管理工作条件,提高战备水平。

3. 部队信息系统战时管理的特点和要求

部队信息系统战时管理的特点是:目标性、复杂性和时效性。管理目标指向性,战时信息系统管理时刻以满足作战任务需求为目标,服从并服务于作战需要。制定管理计划、控制管理活动、实施管理方法要求都要紧贴作战需要来筹划和组织。仗打到哪里,信息系统管理活动就要伴随、渗透到哪里;遂行不同作战任务,就要确定不同的管理重点和方法。凡是涉及全局性的信息系统管理工作,必须由进行统一决策和计划。战时各项信息系统管理活动,必须强调军事效益至上。管理任务复杂艰巨,战时环境恶劣,战场情况瞬息万变,信息系统管理活动渗透到全时空、全范围。信息系统装备在恶劣的环境下始终处于高度机动和连续工作的状态,超负荷、超强度使用的情况时有发生,由于电磁场环境复杂,信息系统失效状态增加、损坏率增大,修理难度和要求变高。同时,系统性强的特点使筹措组织极为困难,这些因素使战场信息系统装备管理任务十分艰巨。管理时效性要求高,现代战争节奏明显加快,战时信息保障时间明显缩短,加之面临敌对方实施全时空打击破坏,信息系统装备、器材补充和装备抢修、后送修理的有效时间大大减少,任务紧迫,时间有限,对信息系统管理的时效性提出了很高的要求,必须确保按质、保量、按时地完成信息保障任务。

部队信息系统战时管理的要求包括:一是首长负责,齐抓共管。部队信息部门领导对本级信息装备使用管理负完全责任,凡影响作战进程与战局的重大问题,由党委决策,指挥员负决策责任;凡属重要信息系统使用管理活动,由分管信息装备的副指挥员决定,负信息装备使用管理领导责任;凡属于信息装备使用管理职责范围内的管理工作,由信息部门领导决定,负信息装备使用管理直接领导责任。其他部门根据职责分工,抓好信息装备操作训练、宣传教育和场所建设,共同抓好信息装备使用管理。二是统一计划,系统管理。统筹兼顾作战需要与信息装备管理要求,参战各类信息系统,由信息装备指挥员即装备指挥机构统一决策、统一计划,实施系统管理。主要是根据作战需要,统一制定各种信息装备的使用计划,搞好信息装备综合管理,突出抓好动态条件下的系统管理工作。三是加强教育,全员管理。突出加强爱装管装教育,坚定立足现有条件管好武器装备的信心。明确细化各个岗位的管理责任,建立人人参加管理的责任网络。要抓好基本管理技能训练,熟练掌握信息系统管理的基本要领,提高装备保障能力。四是结合实际,灵活管理。信息化条件下作战不同时节、不同战场环境、不同军种部队对信息装备使用管理的要求也不尽相同,必须结合战场实际情况,有针对性地实施灵活管理。要根据战时管理特点,制定完善专门的战时信息系统管理法规制度。根据不同类型不同管理层次,实施严格管理。建立严格的战时信息装备使用管理监督机制,强调依法管装,保障装备管理的严肃性。

(三) 组织管理活动

1. 信息系统日常管理与维护

信息系统登记与统计。信息系统登记与统计工作目的是及时、准确、全面、系统地记录、收集、整理信息系统管理数据,为管理决策提供依据。具体包括:①登记和收集信息系统管理数据。包括各类信息系统、维修器材数量质量和分布情况;各级修理机构的维修能力及维修设备的数量质量和分布情况;各级信息系统仓库库存装备与器材的数量、质量和分布情况;信息系统经费分配和使用情况;各项信息系统业务工作的进度和完成任务情况;各类专业人员数、质量和训练情况;各项规章制度的贯彻执行情况;信息系统科研、学术研究和技术革新情况;信息系统安全和防事故情况等。②进行统计分析。③编制统计报表,及时实施上报。

信息系统使用与维护。信息系统使用、维护管理水平和质量,对系统效能发挥有重大影响。信息系统使用维护管理的目标就是保证系统正常运行,具体包括:①对系统运行情况准确、及时记录,对系统出现的各种故障、错误和失误迅速查找、准确定位和及时修复,对关键部件预先备份和确保系统可靠运行措施等。②定期对信息系统使用效能、性能指标及运行成本等进行评估,目的是查看系统能否满足用户使用需要,系统是否有修改和改进需求等。

信息系统点验与检查。信息系统点验、检查与评比是装备日常管理中经常性的工作,其目的是掌握装备数量、质量和配套状况以及管理情况,以便及时维修、补充、更新和改进装备管理工作,确保信息系统处于良好状态。信息系统点验是对装备数量、质量、保管、维修、保养、携行能力等情况的全面检查;信息系统检查分为管理情况检查和技术情况检查,进行定期与不定期检查。

信息系统的定级与转级。信息系统定级,是对装备质量进行的技术状况进行区分,通常依据质量状况将装备分为新品、勘用品、待修品和废品等四个级别,由于在使用或储存过程中受诸多因素影响,其质量必然发生变化,转变质量等级。信息系统定级与转级帮助管理者和使用者随时掌握装备质量特征变化情况,充分发挥装备效能。

2. 信息系统战备检查

信息系统战备检查考核。战备检查考核活动包括:首长、机关组织信息系统战备工作情况、信息系统战备计划、装备和器材储备、战备设施、战备演练、战备信息管理和战备值班等落实情况;信息基础设施保护情况;实施战备等级转换情况等。

信息系统保障和维护设施管理。战备设施管理活动包括:信息系统维护、修理、供应、仓储等信息系统保障设施的管理;维修室、战备物资室和器材室等基层分队信息系统维护设施的管理。

信息系统信息加载。各级信息(通信)部门、部(分)队要按信息系统战备工作要求,建立信息系统战备数据库,对战备信息进行核实、分类、归档等管理,既要保证信息的准确性、可靠性,又要确保信息的全面性和连续性。战备信息管理要按照规定建立数据中心、数据库和数据室,并根据作战需求进行定期的数据加载和运行测试,掌握由平时向战时转换所需的信息加载时限。

3. 信息系统开设与构建

战时信息系统调配供应是依据部队编制、供应标准、消耗限额和作战的需要而实施的战前和战中信息系统调配、器材发放工作。加强这一环节管理的目的就是快速、高效地组织信息系统装备和器材的补给,使部队在战前做到齐装、配套、满员,战中损耗及时、适量、有效地得到补充。

战时信息系统构建管理是信息系统保障分队指挥员根据系统保障部门要求和上级对信息系统保障的指示,科学安排、合理分工,组织所属信息系统保障力量建立信息系统的过程。主要包括:①依据系统建立实施方案和计划,保障分队在特定作战区域内,选择合理的开设位置,建立相应的指挥所信息系统,为作战地域内指挥机关及有关部门提供信息传输、处理平台。②负责各级指挥信息网节点的建立,为各级指挥所进入信息网提供接入手段。③负责各级、各类指挥所信息系统的连接及信息网络的连接,保障信息传输与处理。④建立作战指挥综合数据库、作战地域地形数据库等,实现作战文电、图形图像、预警、火力控制等作战命令、情报资源的共享。

4. 信息系统使用与管理

在系统建立后,为确保系统正常运行组织以下的管理活动:①信息系统功能运用,实现信息传输、信息共享、指挥作业、态势标绘、辅助决策等功能。②监控系统运行,保证系统始终处于良好的工作状态。③协调系统运行,根据系统运行情况变化,及时调整各分系统和要素的配置与工作状态,协调运行关系,确保系统正常运行。④系统运行保障,包括装备技术保障、工程保障、伪装保障、警戒保障、机动保障等。⑤组织实施战场信息管理。

战时信息系统维修管理目的是为了以最低的资源损耗,及时、迅速地保持、恢复和改进信息系统作战保障能力。主要管理活动包括:修理任务预计,为筹划信息保障力量提供依据;修理计划制定;修理活动展开。

作 业 题

一、单项选择题

1. 部队信息化工作的基础环节是(　　)。
   A. 信息技术应用　　　　　　B. 官兵信息素质培育
   C. 建设成果实践应用　　　　D. 作战能力提升
2. 部队信息化工作的根本任务是(　　)。
   A. 信息技术应用　　　　　　B. 官兵信息素质培育
   C. 建设成果实践应用　　　　D. 作战能力提升
3. 部队信息化工作的中心工作是(　　)。
   A. 信息技术应用　　　　　　B. 官兵信息素质培育
   C. 建设成果实践应用　　　　D. 作战能力提升
4. 部队信息化工作的核心目标是(　　)。
   A. 信息技术应用　　　　　　B. 官兵信息素质培育
   C. 建设成果实践应用　　　　D. 作战能力提升

二、多项选择题

1. 部队信息化工作的主要特点包括(　　)。
   A. 基础性　　　　　B. 整体性　　　　　C. 融合性
   D. 协调性　　　　　E. 实践性
2. 部队信息化工作的基本要求是(　　)。
   A. 作战牵引、技术推动　　B. 强化应用、全员参与
   C. 常抓不懈、注重实效　　D. 顶层设计、统筹计划
   E. 创新驱动、自主研发

三、填空题

1. 部队信息化工作是指部队广泛运用信息技术,培育官兵信息素质,组织运用

_____，使用和管理_____，开发利用_____，提高部队信息化条件下作战能力和建设水平的全部活动。

2. 部队信息化工作的内容主要包括：信息化知识普及，_____、_____，信息资源开发利用，信息化人才队伍建设，_____，配套设施建设。

3. 部队信息资源开发利用工作，是在完成上级赋予的信息资源开发利用任务的基础上，对自身需要的信息资源的开发利用，开发利用对象包括作战指挥信息资源、作战支撑信息资源、_____和日常业务信息资源。

4. 部队信息系统管理的基本任务是，通过决策、计划、组织、协调和控制，保持各类作战、_____、_____和_____信息系统的正常使用，保持其优良的战技性能。

四、简答题

1. 简述拟制部队信息资源开发利用计划的基本步骤。
2. 加强基础网络安全体系防护主要包含哪些工作？
3. 部队信息系统安全等级保护工作包括哪些环节？
4. 信息系统应用管理主要包含哪些内容？
5. 信息系统装备管理主要包含哪些内容？
6. 信息系统技术管理主要包含哪些内容？

参 考 文 献

[1] 全军军事术语管理委员会. 中国人民解放军军语[M]. 北京:解放军出版社,2010.
[2] 杨耀辉. 军队信息化建设管理概论[M]. 北京:解放军出版社,2015.
[3] 郑宗辉. 军队信息化加速发展[M]. 北京:解放军出版社,2014.
[4] 王伟军. 信息化管理理论与实践[M]. 北京:清华大学出版社,北京交通大学出版社,2010.
[5] 胡光正. 军队信息化建设教程[M]. 北京:军事科学出版社,2012.
[6] 周三多,陈传明. 管理学——原理与方法[M]. 上海:复旦大学出版社,1999.
[7] 王端,杨喜梅. 管理学基础[M]. 北京:清华大学出版社,2011.
[8] 郝红. 部队信息化工作[M]. 北京:解放军出版社,2017.
[9] 《军队信息化词典》编辑委员会. 军队信息化词典[M]. 北京:解放军出版社,2008.
[10] 军事科学院军队建设研究部. 军队信息化建设概论[M]. 北京:军事科学出版社,2009.
[11] 沈树章. 军事信息学[M]. 北京:解放军出版社,2014.
[12] 国防大学科研部. 路线图[M]. 北京:国防大学出版社,2009.
[13] 张未平. 指挥信息系统体系作战结构研究[M]. 北京:国防大学出版社,2013.
[14] 马亚龙. 评估理论和方法及其军事应用[M]. 北京:国防工业出版社,2013.
[15] 柳纯录. 系统集成项目管理工程师教程[M]. 北京:清华大学出版社,2009.
[16] 段绍译,唐杨松. 高效能人士的36个工具[M]. 北京:机械工业出版社,2017.
[17] 沈建明. 中国国防项目管理知识体系[M]. 北京:国防工业出版社,2006.
[18] 赵涛,潘欣鹏. 项目范围管理[M]. 北京:中国纺织出版社,2004.
[19] 邓立杰,杨清杰. 军事信息系统综合集成研究[M]. 北京:海潮出版社,2011.
[20] 中国人民解放军总参谋部信息化部. 指挥控制系统[M]. 北京:解放军出版社,2014.
[21] 周俊. 军事信息系统集成理论与方法[M]. 北京:解放军出版社,2008.
[22] 殷铭燕. 2005—2030年美国无人机系统发展路线图[M]. 海军装备部航空装备科研订货部,海军装备研究院科技信息研究所,2006.

作业题参考答案

第一章

一、单项选择题

1. B   2. C

二、多项选择题

1. ABCD   2. ACDE

三、填空题

1. 各个领域、武器装备、信息资源、活动和过程
2. 跨领域系统集成、一体化作战体系构建

四、简答题

1. 军队信息化建设,是在军队各个领域,运用现代信息技术,开发利用信息资源,提高整体作战能力,加速实现军队信息化进程的建设活动。

2. 军队信息化建设管理,是在国家最高军事领率机关的组织领导下,依据军队信息化建设的客观规律和总目标,对军队信息化建设活动进行系统的决策、计划、组织、协调和控制,实现建设质量最优和体系效益最大,提高军队信息化作战能力的管理活动,包括顶层设计管理、技术体制管理、法规标准管理、重点工程管理、推广应用管理等。

3. 主要包括军事信息系统、信息化主战武器系统、信息化支撑环境等建设内容。

4. 信息化突出的"化"字,即过程,是指事物从原有状态走向新状态的过程,强调的是把信息和信息技术完全融合到当代人类社会生产和生活的一切领域的"过程"。

第二章

一、单项选择题

1. A   2. C

二、多项选择题

1. ABCDE   2. ABCD

三、填空题

1. 机械化、信息化
2. 推动国防和军队建设科学发展、加快转变战斗力生产模式

四、简答题

1. 我军信息化建设的总体目标是建设信息化军队,战略任务是打赢信息化战争。

2. 国防和军队建设到2020年基本实现机械化,信息化建设取得重大进展,战略能力

有大的提升。同国家现代化进程相一致,全面推进军事理论现代化、军队组织形态现代化、军事人员现代化、武器装备现代化,力争到2035年基本实现国防和军队现代化,到本世纪中叶把人民军队全面建成世界一流军队。

  3. 顶层领导、科学管理,需求牵引、自主创新,统筹规划、重点先行,综合防范、确保安全,军民融合、协调发展。

第三章

一、单项选择题
1. C　　2. A

二、多项选择题
1. ABC　　2. ABCDE　　3. ACD　　4. ABE

三、填空题
1. 基础传输层、网络承载层、信息服务层、安全保障系统
2. 电子战系统、网络战系统、心理战舆论战法律战系统
3. 日常业务信息系统
4. 信息基础技术、信息主体技术、新机理信息技术

四、简答题
1. 宽带传输能力建设、广域覆盖能力建设、随遇接入能力建设、按需服务能力建设、安全可控能力建设、运维支撑能力建设。
2. 从系统体系角度,指挥信息系统主要由指挥控制、情报侦察、预警探测、联合战术通信、信息对抗及综合保障"六类"系统构成。
3. 指挥信息系统建设主要包括指挥控制、情报侦察、预警探测、联合战术通信、信息对抗及综合保障等"六类"系统的建设。
4. 信息作战系统建设主要包括电子战系统、网络战系统和心理战舆论战法律战系统等内容。
5. 一是电子战系统向多手段、高精度、认知化方向发展;二是网络战系统向突出技术应用与多方式防护方向发展;三是"三战"系统向体系化、高技术化方向发展;四是整体上向增强性能、综合发展、拓展运用方向发展。
6. 一是研发自主可控的一体化日常业务网络平台;二是实现日常业务信息系统的可持续发展;三是注重日常业务信息系统与作战体系的有机融合。
7. 嵌入式信息系统建设主要包括嵌入信息化作战平台的信息系统、嵌入信息化弹药的信息系统等方面的建设。
8. 信息化作战平台建设的主要内容包括:由先进的坦克、自行火炮、导弹发射装置等组成的陆基信息化作战平台建设;以各种大型舰艇、潜艇等组成的海上(水下)信息化作战平台建设;以各种先进作战飞机和直升机等组成的空基信息化作战平台建设;以各种军用卫星和航天飞机等组成的天基信息化作战平台建设;各种无人作战平台建设。
9. 一是发展多种类、多功能的嵌入式信息系统;二是发展嵌入式指挥控制系统;三是发展基于物联网的嵌入式智能感知系统。

10. 新概念武器建设主要包括定向能武器、动能武器、电磁脉冲武器等方面的建设。

11. 完善信息化建设管理体制、健全联合作战指挥体制、优化军兵种结构、调整改革作战部队编制。

12. 主要应着力培养联合作战指挥人才、信息化建设管理人才、信息技术专业人才、新装备操作和维护人才等四类人才。

第四章

一、单项选择题

1. A　　2. B　　3. C　　4. D

二、多项选择题

1. ABC　　2. DE　　3. ABD　　4. CE

三、填空题

1. 控制主体、控制手段和工具
2. 同期控制、反馈控制
3. 内部、外部

四、简答题

1. 发现问题、确定目标、拟定方案、优选决断、决策实施、反馈控制。
2. 理解决策、选择结构、设计工作、落实权责、追踪评价。
3. 确定控制标准、衡量工作成效和纠正偏差。
4. 会议协调、结构协调、分工协调、现场协调。

第五章

一、单项选择题

1. A　　2. B　　3. C　　4. A　　5. B

二、多项选择题

1. ABCD　　2. BCE　　3. ACE　　4. ABCE　　5. ABCDE

三、填空题

1. 谋划发展战略、设计内容架构、调配建设资源、制定行动计划
2. 可行性论证、必要性论证
3. 信息化建设水平评估、信息化建设绩效评估

四、简答题

1. 明确建设目标和任务,为发展提供方向和指南;识别关键因素,确立信息化工作突破口;设计整体架构,优化整合建设管理全局;促进信息化工作合理、有序、协调发展。

2. 用于分析环境的 SWOT 法,用于安排任务的甘特图,用户分析原因的鱼骨图,用于综合评价的雷达图等

3. 时间、费用、质量。

4. 用于决策、提供依据、实施奖惩。

5. 军队信息化建设评估,是指军队信息化建设组织管理机构对军队信息化建设规划、实施和成效进行全方位、多角度的综合考察、评价和估量的活动。

五、综合题(略)

第六章

一、单项选择题

1. A   2. C   3. D   4. A   5. B   6. C   7. D

二、多项选择题

1. ABCDEF   2. ABCDE   3. BCD   4. ABCDEFG

三、填空题

1. 结构、关系
2. 手段、程序
3. 关键事项、图表
4. 方案选择、风险决策
5. 应用集成

四、简答题

1. 表格型、结构型、行为型、映射型、本体型、时间型、图表型。
2. 体系结构是实实在在的客观存在,体系结构描述是体系结构的形象表现,体系结构框架就是规范体系结构设计和开发的基础方法论。
3. 筹划准备、模型设计和验证评估三个阶段。
4. 目标愿景、发展思路、需求分析、发展环境、发展内容、重大任务、时间阶段、发展路径、保障条件和配套措施十大要素。
5. 多层型、长条型、表格型、图解型、绘画型、流程图型、文本型等。
6. 三个阶段指准备阶段、制定阶段和整合阶段。其中,准备阶段主要是确立路线图主题、组织准备、理论准备、信息准备、保障准备、材料准备、计划拟制;制定阶段主要是进行现状分析、需求分析、时间分析、目标分析、问题分析、任务分析、路径与模式分析以及绘制路线图;整合阶段主要是征求意见、评估实施效果、修正路线图。
7. 成立路线图制定团队、信息准备、需求分析、目标分析、问题分析、任务分析、路径分析和绘制路线图等。
8. 数据和信息集成、技术集成、系统集成、功能集成、硬件集成、软件集成、人和组织机构集成等内容。
9. ①综合集成是加速军队信息化建设的应用指导理论;②综合集成是整合军队复杂系统的有效手段;③综合集成是提高军队建设效费比的最佳方法;④综合集成是推进军队一体化建设的基本途径。

五、综合题(略)

第七章

一、单项选择题

1. A   2. D

二、多项选择题

1. ABD   2. ABCE   3. ABCDE

三、填空题
1. 首席信息官办公室
2. 论坛

四、简答题
1. 以顶层设计指导信息化建设发展;以首席信息官制度推进信息系统建设;以改革促进信息化武器装备发展;以发展网络空间理论应对未来挑战。
2. 外军各级首席信息官的基本职责是向部门主官就信息技术、信息系统和信息资源的发展、使用、管理和规划计划等方面工作提出建议和咨询。
3. 远近兼顾,统筹当前长远;全军联动,形成完整体系;周密论证,科学制定规划。
4. 制定明确的首席信息官工作职责;构建完善的首席信息官组织体制;推行良好的首席信息官培训途径。
5. 准确把握军队信息化建设的正确方向,避免重走大的弯路;始终坚持军队信息化建设的中国特色,防止盲目进行跟风;牢固树立军队信息化建设的渐进理念,不应谋求一劳永逸;坚定推行军队信息化建设的自主创新,摆脱核心受控于人。

第八章

一、单项选择题
1. A   2. B   3. C   4. D

二、多项选择题
1. ABCDE   2. ABC

三、填空题
1. 信息系统、信息化武器装备、信息资源
2. 信息系统和信息化武器装备训练、使用和管理、信息安全保障工作
3. 演习训练信息资源
4. 训练、管理、日常业务

四、简答题
1. ①确定部队信息资源开发利用目标;②规划部队信息资源开发使用的内容、范围及活动;③明确所属部队各部门在信息资源开发利用中的职责分工;④完善部队信息资源开发利用的各项法规制度。
2. ①组织网络边界防护;②开展密码保障建设;③完善监测预警系统;④提供公共安全服务;⑤推进自主产品应用。
3. 定级、备案、建设、测评、整改五个环节。
4. 以人为主要对象的组织管理、以应用发展为重点的规划管理、以提供服务为核心的业务管理和以信息安全为内容的系统安全管理。
5. 信息网络管理、硬件管理、软件管理和数据管理。
6. 故障管理、性能管理、配置管理、技术服务等任务域。